化学晚会

—— 吴茂江 编著 ——

金盾出版社

内容提要

本书以化学知识为载体，融知识娱乐为一体，选取了化学演讲、化学小品、化学相声、化学魔术、化学游戏、化学对联、化学快板和化学谜语等多方面的内容。本书图文并茂，是传播和普及学科知识的科学小品集锦。

图书在版编目（CIP）数据

化学晚会／吴茂江编著． -- 北京 ：金盾出版社，2012.5
ISBN 978-7-5082-7354-9

Ⅰ．①化…　Ⅱ．①吴…　Ⅲ．①化学—普及读物　Ⅳ．①06-49
中国版本图书馆CIP数据核字（2011）第270329号

金盾出版社出版、总发行

北京太平路5号（地铁万寿路站往南）
邮政编码：100036　电话：68214039　83219215
传真：68276683　网址：www.jdcbs.cn
封面印刷：北京精美彩色印刷有限公司
正文印刷：北京天宇星印刷厂
装订：北京天宇星印刷厂
各地新华书店经销
开本：880×1230 1/32　印张：9.5
2012年5月第1版第1次印刷
印数：1～8 000册　定价：20.00元

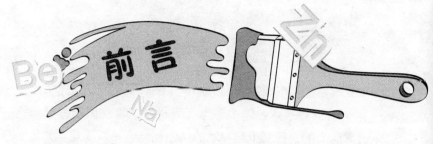

前言

　　化学晚会是以化学学科知识为载体，融知识娱乐为一体的文艺活动。化学晚会可分为化学专题、化学演讲、化学小品、化学相声、化学快板、化学魔术、化学游戏和化学谜语等多种形式。化学晚会与其他形式的课外活动不同，有着文艺活动的特点，给人以轻松愉快的感受和美的熏陶，能融科学性、思想性、知识性、趣味性与艺术性为一体，对培养学生化学兴趣、开发学生智力很有帮助。因此，化学晚会是倍受学生欢迎和喜爱的一种课外活动形式，这种形式能吸引数量较多的学生参加。而晚会的组织者和表演者应事前专门组织训练，更有利于锻炼学生的组织工作能力。

　　根据化学晚会自身的特点，作者在编写整理《化学晚会》这本小册子时注意了以下几个方面。

一、题材选取

　　1. 注重科学。本书选取了化学演讲、化学小品、化学相声、化学魔术、化学游戏、化学对联、化学快板和化学谜语八个方面的内容，力求做到知识准确、篇幅精悍、术语到位、表述清楚、操作安全、贴近生活，真正成为传播和普及学科知识的科学小品。

　　2. 普及知识。化学晚会是化学学科知识的普及，在编写整理中注意了知识的浅显、可读、易理解和易掌握的一面，避免了偏、怪、难、深的一面，因而知识的层面仅涉及中学化学知识和

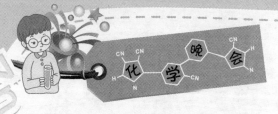

学生日常生活中能接触到的知识范围。

  3. 提升趣味。本书注意了题材、语言和图示的趣味性，以健康向上的语言和风趣幽默的插图相结合来展现化学知识，尽量克服牵强附会、枯燥乏味或低级趣味的现象，让学生能在轻松愉快中开发智力，在游戏玩耍中培养能力。

  4. 体现艺术。本书在编写整理过程中体现了表演形式的多样性、可操作性、大众的参与性、表演器材的方便性，使表演活动在所有的学校都能随时随地开展。

二、编排特点

  1. 在描述语言上注重通俗易懂。本书在编写整理过程中注意语言的通俗性和大众性，以适合青少年心理特点和知识水平为出发点，在描述上注意言简意赅，抓住要领和实质，力求使读者一看就明白其意，避免将知识理论化和术语化。

  2. 在内容展示上注重图文并茂。本书注意发挥图示语言的作用，选插了紧扣内容的创意图多幅，目的在于能够达到激发读者的好奇心，吸引读者的兴趣感和发展读者的求知欲。

  3. 在资料取舍上注重原创意图。本书选用了好多同仁的作品，编者在略加修改的基础上尊重原作者的思路风格，保持其原作品的原型，尽量使原作者的创作意图较为完整的再次展现给广大读者。

编者

目录

1 第一幕 化学演讲

第二幕 化学小品

第三幕 化学相声

第四幕 化学魔术

第五幕　化学游戏

第六幕　化学对联

第七幕 化学快板

 第八幕 化学迷语

第一幕 化学演讲

演讲技巧

1.做好演讲的准备。包括了解听众，熟悉主题和内容，搜集素材和资料，准备演讲稿，作适当的演练等。

2.选择优秀的演讲者。优秀的演讲者应具备下述条件：有较高的感性，有较强的语音能力和技巧，有饱满的热情，有理智与智慧，注重仪表气质。

3.运用演讲艺术。包括开场白的艺术（开场白不应太长，重点是抛出问题或激发兴趣。），结尾的艺术，立论的艺术，举例的艺术，反驳的艺术，幽默的艺术，鼓动的艺术，语音的艺术，表情动作的艺术等等，通过运用各种演讲艺术，使演讲具备逻辑的力量和艺术的力量。

4.善用空间演讲。所谓空间就是指进行演讲的场所范围、演讲者所在之处以及与听众间的距离等等。演讲者所在之处以位居听众注意力容易汇集的地方最为理想。

5.演讲时的姿势。演讲时的姿势会带给听众某种印象，一般演讲时张开双脚与肩同宽，挺稳整个身躯；想办法扩散并减轻施加在身体上的紧张情绪，手势和小动作都不

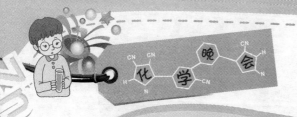

应太多，而且肢体动作要注意和所讲内容的配合。

6. 演讲时的视线。在大众面前说话，必须忍受众目睽睽的注视。不可以漠视观众的眼光，避开观众的视线来说话。克服视线压力的方法就是一面进行演讲，一面从观众当中找寻对于自己投以善意而温柔眼光的人，把自己的视线投向强烈"点头"以示首肯的人。

7. 演讲时的面部表情。演讲时的脸部表情无论好坏都会带给听众极其深刻的印象。紧张、疲劳、喜悦、焦虑等情绪无不清楚地表露在脸上。演讲的内容即使再精彩，如果表情总觉缺乏自信，老是畏畏缩缩，演讲的说服力就很容易变得欠缺。控制面部表情的方法，要抬头挺胸视线与听众接触，以吸引听众的注意；语速缓慢，稳定情绪。

8. 服饰和发型。服装也会带给观众各种印象。灰色或者蓝色系列的服装，难免给人过于刻板无趣印象。轻松的场合不妨穿着稍微流行一点的服装来参加。正式场合，一般仍以深色西服为宜。发型也可塑造出各种形象来。长发和光头各自蕴含其强烈的形象，而鬓角的长短也被认为是个人喜好的表征。

9. 声音和腔调。声音和腔调乃是与生俱来的，不可能一朝一夕之间有所改善，但重要的是让自己的声音清楚地传达给听众。

为了营造沉着的气氛，说话要该快则快，快慢相间，该重则重，该停顿处则适当停顿。即使是音质不好的人，如果能够坚持自己的主张与信念，依旧可以吸引听众的热切关注。

10. 与观众互动。演讲时要注意与观众互动，这样可以渲染场上的氛围，增强感染力！但是不要太频繁。

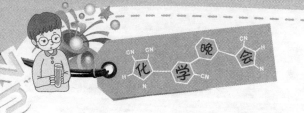

电木的发明

现在塑料的品种成千上万，但是最古老的酚醛塑料仍然在广泛的使用着。可你知道它的来历吗？这里还有一段有趣的历史呢。

1905年的一天，美国化学家贝克兰博士在研究一种新的合成树脂，他将苯酚和甲醛混合在烧杯中，过一会儿发现它们生成了一块粘稠的东西，用水去洗，洗不掉；改用汽油、酒精等有机溶剂，还是不行，这使贝克兰伤透了脑筋。无奈，他在这烧杯里放入锯木屑，进行加热，再经过拌搓之后，终于把这块令人讨厌的东西弄下来了。贝克兰随手把它丢在了废物箱里。

几天后，贝克兰在整理实验桌时，要把废物箱里的东西倒掉，这时他一眼又看到了那块东西。只见它表面光滑发亮，有种诱人的光泽。一块本来应该进入垃圾箱的东西，却又重新引起了贝克兰的重视。他把这块"废物"用酒精灯火烤，不变软；摔在地上，它不碎裂；用锯子锯则顺利地锯开了。敏锐的贝克兰立即想到，这可能是一种很好的新材料。

经过人们的实验，果然发现这曾经"令人讨厌"的东西，现在实在太"讨人喜欢"了。它不渗水，受热不变形，有一定的机械强度，又易于加工，而且还有很好的绝缘性，这对于刚刚兴起的电器工业来说，简直是太理想了。于是，它被广泛地用来生产电闸、电灯开关、灯头、电话机等电器用品，

为此才获得了"电木"这个名称。到现在为止，电木仍是最重要、生产量最大、使用最普遍的一种塑料。

相关知识链接

电木简述

电木的化学名称叫酚醛塑料，表面坚硬，质脆易碎，敲击有木板声，多为不透明深色（棕色或黑色），在热水中不变软。是绝缘体，它的主要成分是酚醛树酯。是塑料中第一个投入工业生产的品种。它具有较高的机械强度、良好的绝缘性，耐高温、耐腐蚀、不吸水，因此常用于制造电器材料，如开关、灯头、耳机、电话机壳、仪表壳等，"电木"由此而得名。它的问世，对工业发展具有重要的意义。酚醛塑料由于原料来源丰富，合成工艺简单，价格便宜，产品又具有优良的性能，目前仍然是世界上产量最大的热固性塑料。酚类和醛类化合物在酸性或碱性催化剂作用下，经缩聚反应可制得酚醛树脂。将酚醛树脂和锯木粉、滑石粉（填料）、乌洛托品（固化剂），硬脂酸（润滑剂）、颜料等充分混合，并在混炼机中加热混炼，即得电木粉。将电木粉在模具中加热压制成型后得到热固性酚醛塑料制品。

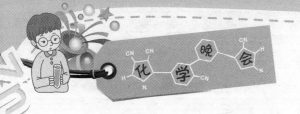

酸碱指示剂的发现

300多年前，英国年轻的科学家罗伯特·波义耳在化学实验中偶然捕捉到一种奇特的实验现象。有一天清晨，波义耳正准备到实验室去做实验，一位花木工为他送来一篮非常鲜美的紫罗兰，喜爱鲜花的波义耳随手取下一朵带进了实验室，把鲜花放在实验桌上开始了实验。

当他从大瓶里倾倒出盐酸时，一股刺鼻的气体从瓶口涌出，倒出的淡黄色液体冒着白雾，还有少许酸沫飞溅到鲜花上。他想"真可惜，盐酸弄到鲜花上了"。为洗掉花上的酸沫，他把花用水冲了一下，一会儿发现紫罗兰颜色变红了，当时波义耳感到既新奇又兴奋，他认为，可能是盐酸使紫罗兰颜色变红色，为进一步验证这一现象，他立即返回住所，把那篮鲜花全部拿到实验室，取了当时已知的几种酸的稀溶液，把紫罗兰花瓣分别放入这些稀酸中，结果现象完全相同，紫罗兰都变为红色。由此他推断，不仅盐酸，而且其它各种酸都能使紫罗兰变为红色。他想，这太重要了，以后只要把紫罗兰花瓣放进溶液，看它是不是变红色，就可判别这种溶液是不是酸。偶然的发现，激发了科学家的探求欲望，后来，他又弄来其它花瓣做试验，并制成花瓣的水或酒精的浸液，用它来检验是不是酸，同时用它来检验一些碱溶液，也产生

了一些变色现象。

　　这位追求真知，永不困倦的科学家，为了获得丰富、准确的第一手资料，他还采集了药草、牵牛花，苔藓、月季花、树皮和各种植物的根……泡出了多种颜色的不同浸液，有些浸液遇酸变色，有些浸液遇碱变色，不过有趣的是，他从石蕊苔藓中提取的紫色浸液，酸能使它变红色，碱能使它变蓝色，这就是最早的石蕊试液，波义耳把它称作指示剂。为使用方便，波义耳用一些浸液把纸浸透、烘干制成纸片，使用时只要将小纸片放入被检测的溶液，纸片上就会发生颜色变化，从而显示出溶液是酸性还是碱性。今天，我们使用的石蕊、酚酞试纸、pH 试纸，就是根据波义耳的发现原理研制而成的。

相关知识链接

酸碱指示剂的变色原理

　　酸碱指示剂在不同的酸碱性溶液中，它们的电离程度不同，于是会显示不同的颜色。pH 试纸则是由多种指示剂混合液制成的，通常情况下 pH 试纸就显金黄色，pH $\approx$ 5，可见在制作时，已将指示剂混合液调至弱酸性，并不是中性，这是为了减弱空气中 CO_2 对测定的影响。此外，中和反应时，使用酸碱指示剂只能用 2 ~ 3 滴，也是因为酸碱指示剂都是

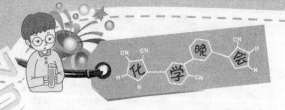

有机酸或有机碱，用多了会增大误差的。

石蕊和酚酞都是酸碱指示剂，它们是一种弱的有机酸。在溶液里，随着溶液酸碱性的变化，指示剂的分子结构发生变化而显示出不同的颜色。

石蕊（主要成分用 HL 表示）在水溶液里能发生如下电离：

HL（红色）＝ H^+ ＋ L^-（蓝色）

在酸性溶液里，红色的分子是主要的存在形式，溶液显红色；在碱性溶液里，上述电离平衡向右移动，蓝色的离子是主要的存在形式，溶液显蓝色；在中性溶液里，红色的分子和蓝色的酸根离子同时存在，所以溶液显紫色。

石蕊能溶于水，且能溶于酒精，变色范围是 pH 5.0 ～ 8.0

酚酞是一种有机弱酸，它在酸性溶液中，浓度较高时，形成无色分子。但随着溶液中 H^+ 浓度的减小，OH^- 浓度的增大，酚酞结构发生改变，并进一步电离成红色离子，这个转变过程是一个可逆过程，如果溶液中 H^+ 浓度增加，上述平衡向反方向移动，酚酞又变成了无色分子。因此，酚酞在酸性溶液里呈无色，当溶液中 H^+ 浓度降低，OH^- 浓度升高时呈红色。酚酞的变色范围是 pH 8.0 ～ 10.0。

几种无机化学中常用的酸碱指示剂

指示剂名称	范围	酸中颜色	中性液中颜色	碱中颜色
甲基橙	3.1 ～ 4.4	红	橙	黄
甲基红	4.4 ～ 6.2	红	橙	黄

指示剂名称	范围	酸中颜色	中性液中颜色	碱中颜色
溴百里酚蓝	6.0 ~ 7.6	黄	绿	蓝
酚酞	8.2 ~ 10.0	无色	浅红	红
石蕊	5.0 ~ 8.0	红	紫	蓝

氧气的发现

1770 年，瑞典化学家舍勒进入乌普萨拉大学工作以后，接连作出了一系列科学发现，其中一个重要的发现就是氧气。

舍勒有一次做了这样一个实验：将充满纯净氢气的玻璃瓶浸入热水槽中，用玻璃管将氢气导出点燃，并且立即用另一只空玻璃瓶罩上，瓶口稍许浸入水中，舍勒发现，倒罩的玻璃瓶内水面逐渐上升，一直升到玻璃瓶容积的 1/4 时火焰熄灭。这表明瓶内空气中的一部分与氢气反应了，而留下的"空位"让给了水。由此，舍勒认为空气中含有一种能够助燃的气体，他称之为"火空气"。从此以后，舍勒就试图从空气中分离出"火空气"来。

1772 年的一天，舍勒先用硝酸和钾碱（即氢氧化钾）制得硝石（硝酸钾）：

硝酸 ＋ 氢氧化钾 → 硝酸钾 ＋ 水

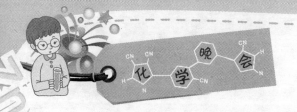

再把硝石和矾油（浓硫酸）放入曲颈甑中高温加热：

硝酸钾 + 浓硫酸 → 硫酸钾 + 二氧化氮 + 氧气 + 水

并把盛有石灰乳的猪膀胱缚在曲颈甑出口，以吸收加热时产生的二氧化氮气体。这时舍勒发现猪膀胱中逐渐充满一种无色气体，这是他以前没有见过的一种气体。于是他马上对其进行检验，结果发现它就是他梦寐以求的"火空气"，即氧气。

相关知识链接

氧气的主要用途

1. 供给呼吸：一般情况下，呼吸只需要空气即可。但在缺氧、低氧或无氧环境，例如：潜水作业、登山运动、高空飞行、宇宙航行、医疗抢救等时，常需使用氧气。

2. 支持燃烧：一般情况下，燃烧只需空气即可。但在某些需要高温、快速燃烧等特殊要求时，例如鼓风炼铁、转炉炼钢等，则需使用富氧空气或氧气。

3. 反应放热：氧化反应特别是燃烧反应时，放出的大量热可被利用。例如燃煤取暖、火力发电；工业上利用乙炔（C_2H_2）在氧气里燃烧时产生的氧炔焰来焊接或切割金属，氧炔焰能产生 3000℃ 以上的高温。此外，人们还利用液态氧浸渍木屑、木炭粉等多孔物质制成液氧炸药，用于开山凿石、

挖沟采矿等露天工程爆破。此外，氧气（空气）也是生产硫酸、硝酸等化工产品的原料。

4. 与人体健康：氧是人体进行新陈代谢的关键物质，是人体生命活动的第一需要。呼吸的氧转化为人体内可利用的氧，称为血氧。血液携带血氧向全身输入能源，血氧的输送量与心脏、大脑的工作状态密切相关。心脏泵血能力越强，血氧的含量就越高；心脏冠状动脉的输血能力越强，血氧输送到心脑及全身的浓度就越高，人体重要器官的运行状态就越好。

5. 过度吸氧的负作用：早在19世纪中叶，英国科学家保尔·伯特首先发现，如果让动物呼吸纯氧会引起中毒，人类也同样。人如果在大于 0.05MPa（半个大气压）的纯氧环境中，对所有的细胞都有毒害作用，吸入时间过长，就可能发生"氧中毒"。肺部毛细管屏障被破坏，导致肺水肿、肺淤血和出血，严重影响呼吸功能，进而使各脏器缺氧而发生损害。在 0.1 MPa（1个大气压）的纯氧环境中，人只能存活24 小时，就会发生肺炎，最终导致呼吸衰竭、窒息而死。人在 0.2 MPa（2个大气压）高压纯氧环境中，最多可停留 1.5小时～2小时，超过了会引起脑中毒，生命节奏紊乱，精神错乱，记忆丧失。如加入 0.3 MPa（3个大气压）甚至更高的氧，人会在数分钟内发生脑细胞变性坏死，抽搐昏迷，导致死亡。此外，过量吸氧还会促进生命衰老。进入人体的氧与细胞中的氧化酶发生反应，可生成过氧化氢，进而变成脂

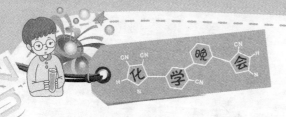

褐素。这种脂褐素是加速细胞衰老的有害物质，它堆积在心肌，使心肌细胞老化，心功能减退；堆积在血管壁上，造成血管老化和硬化；堆积在肝脏，削弱肝功能；堆积在大脑，引起智力下降，记忆力衰退，人变得痴呆；堆积在皮肤上，形成老年斑。

笑气的发现

英国化学家戴维，1778 年出生于彭赞斯。因他父亲过早去世。母亲无法养活五个孩子，于是卖掉田产，开起女帽制作店来。但他们的日子还是越过越苦。　戴维从小就勇于探索，他的兴趣很广泛。他在学校最喜欢的是化学，常常自己做实验。

17 岁的时候，戴维到博莱斯先生的药房当了学徒。既学医学，也学化学，除读书外，他还做些较难的化学实验，为此，人们送他一个"小化学家"的称号。

一天，一个叫贝多斯的物理学家，登门拜访了这位"小化学家"，并邀请他到条件很好的气体研究所去工作。

戴维欣然受聘，来到贝多斯的研究所。该所想通过研究各种气体对人体的作用，弄清哪些气体对人有益，哪些气体对人有害。

戴维接受的第一项任务是配制氧化亚氮气体。戴维不负

重望，很快就制出这种气体。当时，有人说这种气体对人有害，而有的人又说无害，各持己见，莫衷一是。制得的大量气体，只好装在玻璃瓶中留着备用。

1799年4月的一天，贝多斯来到戴维的实验室，见已制出许多氧化亚氮，高兴地说："啊，不错，您的工作令人十分满意……"贝多斯夸奖戴维的话还未说完，他一转身，不小心手把一个玻璃瓶子碰到地下打碎了。

戴维慌忙过来一看，打碎的正是装氧化亚氮的瓶子，忙问："手不要紧吧？"

"没事。真对不起，我把您的劳动成果浪费了。"贝多斯边说边拣碎玻璃。

"没啥，我正要做试验呢，想看看这种气体对人究竟会有什么影响，这样一来还省得我开瓶塞……"戴维的话还未说完，被贝多斯反常的表情弄得惊慌失措。

"哈哈哈……"一向沉着、孤僻、严肃得几乎整天板着面孔的贝多斯，今天突然大笑起来，"戴维，哈哈哈……我的手一点儿都不疼，哈哈哈……""哈哈哈……"刚才还处于惊慌的戴维也骤然大笑，"真的不疼？哈哈哈……"

两位科学家的笑声，惊动了隔壁实验室的人。他们跑来一看，都以为他俩得了神经病。等一阵狂笑之后，两人方逐渐清醒。贝多斯被玻璃划破的手指感到疼痛，原来氧化亚氮不仅使他俩狂笑，而且使贝多斯麻醉不知手痛。

事隔不久，戴维患了牙病，便请来牙科医生德恩梯斯·舍

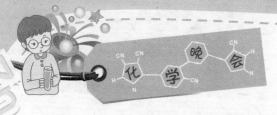

派特。医生决定把他的坏牙拔掉。当时根本没有什么麻醉药，医生硬把牙齿给拉了下来，疼得戴维浑身冒汗。这时，他猛然想起前不久发生的事——贝多斯手划破了，可闻了那氧化亚氮后却一点也没感觉疼。于是，他赶忙拿过装有氧化亚氮的瓶子连吸几口，结果，他又哈哈大笑起来，同时也感觉不到牙痛了。

经过进一步研究，戴维证实氧化亚氮不仅能使人狂笑，而且还有一定的麻醉作用。戴维就为这种气取了个形象的名字笑气。

戴维将关于笑气的研究成果写进《化学和哲学研究》一书，立即轰动了整个欧洲。外科医生们纷纷用笑气做麻醉药，使本来满是刺耳的喊叫声的手术室，弥漫着一片笑声。病人的痛苦也轻多了。

戴维发现笑气的时候，年仅21岁。从此，他成了闻名欧洲的青年科学家。后来，戴维继续从事科学研究，首先制取了金属钾、钠、钙、镁、钡和非金属硼，还发明了矿工用的安全灯。为人类做出了很大的贡献。但遗憾的是，他由一个穷苦的孩子，一跃而成为著名的科学家进入上流社会之后，由于他被荣誉和地位所陶醉，变得飘飘然起来，他甚至嫉妒自己的学生，害怕后生超过自己，这一变化是导致他后半生除发明安全灯外，几乎一事无成的根本原因。

相关知识链接

笑气简介

笑气是一氧化二氮的俗称，无色有甜味的气体，是一种氧化剂，化学式 N_2O，在一定条件下能支持燃烧（同氧气，因为笑气在高温下能分解成氮气和氧气），但在室温下稳定，有轻微麻醉作用，并能致人发笑。其麻醉作用于 1799 年由英国化学家汉弗莱·戴维发现。有关理论认为 N_2O 与 CO_2 分子具有相似的结构（包括电子式），则其空间构型是直线型，N_2O 为极性分子。2009 年 8 月份，美国一项最新研究显示，这种无色有甜味的气体已经成为人类排放的首要消耗臭氧层物质。现在主要用于表演。

溴的发现

科学研究既要有严肃认真的态度和精细的操作技术，又要有正确的指导理论和思想方法，才能收到好的效果；否则将走许多弯路，甚至真理出现在自己的眼前也会视而不见。德国著名的有机化学家李比希在研究工作中就出现过这样的现象。在发现溴的前几年，李比希接受了一家制盐工厂的请

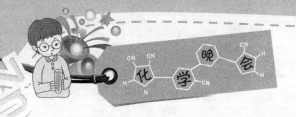

求，考察母液中含有什么东西？在分析的过程中，发现淀粉碘化物过夜以后变成黄色。他再将母液通入氯气进行蒸馏，得到一种黄色的液体，没有分析研究就判断是氯化碘，并把装液体的瓶子贴上氯化碘的标签。但他却不知这种黄色物质并不是氯化碘而是溴。其实溴的化学性质和氯的化合物很不相同，他却勉强加以解释。后来他听说发现了溴，李比希知道自己错了，他将贴氯化碘标签的瓶子特意保存起来，作为研究工作中的教训。并且他常把这个瓶子给朋友看，以表明不加分析研究、不讲论证，而以先入为主的观念来对待科学，往往让很大的发现在眼前错过。李比希在自传中写道："自此以后，除非有绝对实验来赞助和证实，他不自造学理了。"李比希这种勇于反省、勇于承认自己缺点的精神，是值得我们学习的。

　　法国化学家巴拉尔，1824 年在研究盐湖中植物的时候，将从大西洋和地中海沿岸采集到的黑角菜燃烧成灰，然后用浸泡的方法得到一种灰黑色的浸取液。他往浸取液中加入氯水和淀粉，溶液即分为两层：下层显蓝色，这是由于淀粉与溶液中的碘生成了化合物；上层显棕黄色，这是一种以前没有见过的现象。为什么会出现这种现象呢？经巴拉尔的研究，认为可能有两种情况：一是氯与溶液中的碘形成新的氯化碘，这种化合物使溶液呈棕黄色；二是氯把溶液中的新元素置换出来了，因而使上层溶液呈棕黄色。于是巴拉尔想了些办法，试图把新的化合物分开，但都没有成功。巴拉尔分析这可能不是氯化碘，而是一种与氯、碘相似的新元素。他用乙

醚将棕黄色的物质提出，再加苛性钾，则棕黄色褪掉，加热蒸发至干，剩下的物质像氯化钾一样。然后把剩下的物质与硫酸、二氧化锰共热，则产生红棕色的有恶臭的气体，冷凝为棕黄色液体。巴拉尔判断，这是与氯和碘相似的一种新元素。法国科学院于 1826 年 8 月 14 日，由化学家孚克劳、泰纳、盖·吕萨克共同审查巴拉尔的新发现。他们认为："关于溴是否是一种极简单的单体，今日我们更有知道的必要，我们已经做过的几次实验也许还不足以证明它确实是极简单的个体，然而我们认为它是很有可能的。巴拉尔先生的报告作得很好，即使将来证明溴并不是一种单体，他所罗列的种种结果还是能够引起人们极大的兴趣。总之溴的发现在化学上实为一种重要的收获，它给巴拉尔在科学事业上一个光荣的地位。"但他们不赞成巴拉尔的命名，把它改称为溴，含义是恶臭。

相关知识链接

溴与溴水

溴（拉丁语：Bromum），意为"公山羊的恶臭"，元素符号 Br，原子序 35，是一种卤素。溴分子在标准温度和压力下是有挥发性的红棕色液体，密度 3.119 克 / 立方厘米。熔点 −7.2℃。沸点 58.76℃。主要化合价 −1 和 +5。化学性质同氯相似，活性介于氯与碘之间。溴蒸气对粘膜有刺激作用，

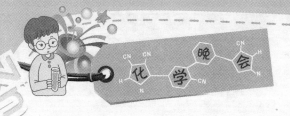
易引起流泪、咳嗽。皮肤与液溴的接触能引起严重的伤害。纯溴也称溴素。溴蒸气具有腐蚀性，并且有毒。溴与其化合物可被用来作为阻燃剂、净水剂、杀虫剂、染料等等。在照相术中，溴和碘与银的化合物担任感光剂的角色。另外，溴能腐蚀橡胶制品，因此在进行有关溴的实验时要避免使用胶塞和胶管。

溴单质与水的混合物就是溴水。溴单质可溶于水，80%以上的溴会与水反应生成氢溴酸与次溴酸，但仍然会有少量溴单质溶解在水中，所以溴水呈橙黄色。新制溴水可以看成是溴的水溶液，进行与溴单质有关的化学反应，但时间较长的溴水中溴分子也会分解，溴水逐渐褪色。久置的溴水中只含有氢溴酸。次溴酸会在光照下分解成氢溴酸和氧气。

波尔多液是谁命名的

硫酸铜和石灰水的混合物，化学上称为"波尔多液"，它是一种有名的杀菌剂，能防治果树、水稻、棉花、马铃薯、烟草、白菜、黄瓜等不同植物的病菌。亲爱的朋友，你知道波尔多液是怎样发明的吗？这里面还有一段有趣的故事哩！

1882年的秋天，法国人米亚尔代在波尔多城附近发现各处葡萄树都受到病菌的侵害，只有公路两旁的几行葡萄树依然果实累累，没有遭到什么危害。他感到奇怪，就去请教管

理这些葡萄树的园丁。原来园工把白色的石灰水和蓝色的硫酸铜溶液分别撒到路旁的葡萄树上，让它们在葡萄叶上留下白色和蓝色的痕迹，使过路人看了以为是喷撒过毒药，从而打消可能偷食葡萄的念头。

经过园工的启发，米亚尔代进行反复试验与研究，终于发明了这种几乎对所有植物病菌均有效力的杀菌剂。为了纪念在波尔多城所得的启发，米亚尔代就把由硫酸铜、生石灰水和水按比例1：1：100制成的溶液叫做"波尔多液"。

相关知识链接

波尔多液主要用途及配制

波尔多液是无机铜素杀菌剂。其有效成分的化学组成是 $CuSO_4 \cdot xCu(OH)_2 \cdot yCa(OH)_2 \cdot zH_2O$。1882年法国人A·米亚尔代于波尔多城发现其杀菌作用，故名。它是由约500克的硫酸铜、500克的生石灰和50千克的水配制成的天蓝色胶状悬浊液。配料比可根据需要适当增减。一般呈碱性，有良好的粘附性能，但久放物理性状破坏，宜现配现用或制成失水波尔多粉。使用时再兑水混合。

波尔多液是一种保护性的杀菌剂。通过释放可溶性铜离子而抑制病原菌孢子萌发或菌丝生长。在酸性条件下，铜离子大量释出时也能凝固病原菌的细胞原生质而起杀菌作用。防止病菌侵染，并能促使叶色浓绿、生长健壮，提高树体抗病能力。在相对湿度较高、叶面有露水或水膜的情况下，药

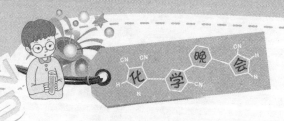
效较好，但对耐铜力差的植物易产生药害。持效期长，广泛用于防治蔬菜、果树、棉、麻等的多种病害，对霜霉病和炭疽病，马铃薯晚疫病等叶部病害效果尤佳。该制剂具有杀菌谱广、持效期长、病菌不会产生抗性、对人和畜低毒等特点，是应用历史最长的一种杀菌剂。

自行配制时，硫酸铜、生石灰的比例及加水多少，要根据树种或品种对硫酸铜和石灰的敏感程度（对铜敏感的少用硫酸铜，对石灰敏感的少用石灰）以及防治对象、用药季节和气温的不同而定。生产上常用的波尔多液比例有：波尔多液石灰等量式（硫酸铜：生石灰 =1：1）、倍量式（1：2）、半量式（1：0.5）和多量式（1：3～5）。用水一般为160-240倍。配制方法：按用水量一半溶化硫酸铜，另一半溶化生石灰，待完全溶化后，再将两者同时缓慢倒入备用的容器中，不断搅拌。也可用10%～20%的水溶化生石灰，80%～90%的水溶化硫酸铜，待其充分溶化后，将硫酸铜溶液缓慢倒入石灰乳中，边倒边搅拌即成波尔多液。但切不可将石灰乳倒入硫酸铜溶液中，否则质量不好，防效较差。

谁揭开了水的秘密

英国有位著名的化学家，叫做普利斯特利。他呀，很喜欢给朋友表演化学魔术。当朋友们来到他的实验室里参观时，他便拿出一个空瓶子，给大家看清楚。可是，当他把瓶口移

近蜡烛的火焰时，忽然发出"啪"的一声巨响。朋友们吓了一跳，有的甚至吓得钻到桌子下面。普利斯特利得意地哈哈大笑起来。笑罢，他把秘密告诉朋友们：原来瓶子里事先装入氢气。氢气和空气中的氧气混合以后，点火，会燃烧起来，发出巨响。他不知将这个"节目"表演了多少遍，这成了他的一出"拿手好戏"。

有一次，他表演完"拿手好戏"，在收拾瓶子时，注意到瓶壁上有水珠。奇怪，变"魔术"时的瓶子是干干净净的，那瓶壁上的水珠是从哪儿冒出来的呢？普利斯特利仔细揩干瓶子，重做实验。咦，瓶壁上依旧有水珠。经过反复实验，他终于发现：氢气燃烧后，变成了水，凝聚在瓶壁上！在普利斯特利之前，尽管人们天天喝水、用水，可是并不知道水是什么。自古以来，人们甚至把水当作"元素"。1770年，法国著名化学家拉瓦锡曾试图揭开水的秘密。他把水封闭在容器中加热了100天，水依旧是水，称一下，重量跟100天以前一样。他弄不清楚水究竟是什么。至于普利斯特利呢？虽然他揭开了水的秘密，然而，他是在变了好多好多次"魔术"之后，才注意到瓶壁上的水珠……

相关知识链接

自然界中的水

自然界，有波涛汹涌的海洋、奔流不息的江河、平静迷人的湖泊，有银装素裹的雪山、皑皑耀眼的冰川，有地下涌

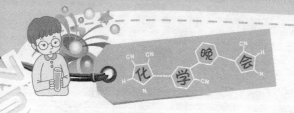
动的暗流、喷涌不止的甘泉，有润物细无声的雨和漫天飞舞的雪，这些都是水。

地球上包括海洋、河流、湖泊、水库蓄水、积雪、冰川、极地冰盖、地下水、大气水、土壤水和生物水，在地球周围形成了一个紧密联系，相互作用，又相互不断交换的水圈。在太阳能的推动下，地球上的水在不断循环变化。

从表面上看，地球上水的储量看起来很大。水所覆盖的面积为 3.8 亿平方公里，占地球面积的 70%，估计大约有 139 亿亿立方米，甚至有人建议称地球为"水球"。但是，其中不能直接为人类使用的海水约占 97.3%，冰川、极地冰盖水约占 2.14%，深层地下水约占 0.61%；而参与全球水循环，可以在陆地上得到恢复和更新的维持人类和动植物生命活动的淡水资源（河流、淡水湖泊、水库蓄水和浅层地下水），其数量却很有限，估计仅大约 120 万亿立方米，还不到地球储水总量的万分之一。这部分淡水是人类和陆地上的生物的生命的源泉，虽然在较长的时间内它可以保持动态平衡，但在一定时间、空间范围内，它的数量却是极其有限的，并不像以前有些人想象的那样可以取之不尽、用之不竭。

地球中的可供陆地上的生命生存的水分为三类：大气降水、地下水和地表水。大气降水主要包括雨和雪。大气中的水随着降雨（雪）返回地面以后，有一部分渗透到地下，被植物的根系、土壤和地壳表层贮存起来。被植物的根系、土壤贮存的水会不断地向下释放，地壳表层的贮水能力是有限的，当超过了其限度时，就以泉水的形式喷涌到地面。大气

降水在向地下渗透的时候，土壤和岩层中的某些矿物质就部分溶解在水里，所以地下水中就含了土壤和岩层中的某些矿物质成分。不同的地域所含的矿物质不同，所以不同地域中的地下水中的矿物质成分也不同。地表水主要包括江河、水库、湖泊。从其来源上来看，地表水一部分直接来自于大气降水；一部分来自于泉水。大气降水落到地面后，土壤中的某些矿物质必然部分溶解在其中，再加上来自于泉水的部分，所以某地域的地表水中也必然含了当地的土壤和岩层中的某些矿物质成分。

当众烧医著

当你走过理发店，常常可以看到特殊的标志——在圆柱形的玻璃灯里，红、白、蓝三条倾斜的色带，在不停地旋转着。你知道这特殊的标志是什么意思？

1964 年版的《英国百科全书》，回答了这个问题：原来，在古代的欧洲，外科医生分为两类。一类是医学院毕业的"正统"的医生，穿着长衫，被人们称为"长衫医师"。这些医师往往"动口不动手"；另一类是理发师，兼做着外科医生的工作，穿着短衫，被称为"短衫医师"或者"理发外科医生"。那时候，人们很看不起外科手术，认为跟脓、血之类打交道，有损于医师的身份。于是，就把那些"动手"的事儿，交给理发师去干。在动手术的时候，"长衫医师"仿佛建筑师在工地上监工似的，而在那里动手术的则是"短衫医师"。1163 年，欧洲的天主教通过一项法案，禁止"神职人员"从事抽血工作，这种工作只能由理发师来做。后来，理发店前那特殊的标志，便是为了纪念理发师在医学上的贡献：那圆柱象征受伤的手臂，倾斜的色带表示纱布，而套筒表示带血的器皿。1526 年，在瑞士巴尔塞大学，一位名叫巴拉塞尔士的人，走上了讲台。他破例邀请了那些"短衫医师"们跨进大学之门，坐在课堂里听他讲课。巴拉塞尔士在讲课之前，做了一件惊人的事情：他把罗马医生盖仑的著作，当众烧毁！为什么呢？盖仑自公元 2 世纪以来，一直被人们推崇

为医学权威。他的著作，甚至被当作医学的"圣经"。可是，盖仑只解剖过牛、羊、狗、猪，从未解剖过被认为"神圣不可侵犯"的人的尸体。因此，他的医学著作错误百出。比如，盖仑认为人的肝分为五叶——那是因为从狗的肝分五叶而推想出来的。巴拉塞尔士烧掉了盖仑的著作，表示他与旧医学彻底决裂的决心。巴拉塞尔士主张，"人体本质上是一个化学系统"。因此，人生病，就是这个"化学系统"失去了平衡。要医好人的病，就要用化学药品恢复这个"化学系统"的平衡。巴拉塞尔士质问那些炼金术士、炼丹家们："你们以为懂得了一切，实际上你们什么也不懂！只有化学可以解决生理学、病理学、治疗学上的问题。没有化学，你们就会迷失在黑暗里。"巴拉塞尔士提出了关于化学的新概念。他不再把化学称为"炼金术"，而是称为"医疗化学"。从此，化学开始了一个崭新的阶段。渐渐地，人们研究化学，不再是为了"点石成金"或者"长生不老"，而是为了制造治病救人的药剂。

相关知识链接

理发店的特殊标志

世界各地的理发店门前，都有一个转动的红、蓝、白三色灯烛，在招引着顾客，成为理发店通用的广告标志。

在中世纪，西欧流行一种说法：人生病主要是因为体内各元素不平衡，只要引出多余的"元素"，就会恢复健康。而

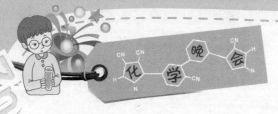

血液是被认为最容易引出的一种"元素"，因此认为"放血是健康之始"，但医师又不肯自己动手放血，就常委托理发师做，于是理发师就成了业余外科医师。

1540 年，经英格兰王国批准，成立了"理发师、外科医生联合会"，并举行了庄严的仪式，由国王亲自把批准书交给联合会主席维凯瑞。从此，理发师正式打出了外科医师的牌子，三色柱成了他们行医理发的标志。三色柱中的红色代表动脉，蓝色代表静脉，白色代表纱布。

1754 年，英王乔治二世成立皇家外科医学会，外科医师从此与理发师分家。但理发师门前的三色柱却一直沿用至今。目前世界上最大的理发店三色柱高 50 多英尺，于 1973 年 11 月 1 日竖立在纽约市亚历山大区华光路上。

教授责备学生

现代化学方程式创始人，铈、钍和锗元素发现者瑞典化学家柏济利乌斯教授兴致勃勃地在上一节化学课，他熟练地完成了某个实验后，让学生回答实验现象，可一连问了 5 个学生，都没有回答正确。此时此刻，一向和蔼可亲的教授一反常态，简直有点气愤地责备学生说："你们缺乏化学家卓越的观察能力！这样学化学，只能成为庸才，不可能成为化学家！学生们听了很不服气，几个尖子学生反问老师为什么如

此断言。柏济利乌斯心平气和地说："我们还是先做实验吧！至于我责备你们的根据，要等实验做完后才能告诉你们。"

他从实验台上拿了一个装有煤油、酒精和蔗糖混和液的玻璃瓶，伸进一个手指，然后把手指伸进口里，好象在用舌头品尝混和液的味道，然后，教授把瓶子递给同学们，要求他们每个人都来鉴别一下瓶中是什么溶液。

当然每个学生都老老实实地按照老师的要求去做了，从他们那哭笑不得的尴尬表情可以看出，老师给他们品尝的决不是什么美味。

半个小时过去了，没有一个学生能够回答出老师提出的问题，柏济利乌斯不禁哈哈大笑起来。学生们莫名其妙地望着老师"是啊！可爱的同学们！你们上当了！我的责备是有根据的。你们中间没有一个人善于观察，我伸进瓶里的是中指，而伸进口里的是食指，可是你们刚才都当真去尝瓶中的溶液，记住这个教训吧！"柏济利乌斯说得学生们一个个面红耳赤，有苦难言，自此以后，学生们改变了过去那种漫不经心，粗枝大叶，不细心观察实验现象的毛病。

法拉第说："没有观察，就没有科学。"巴甫洛夫贴在实验室里的座右铭是："观察、观察、再观察"。观察能力，是学习化学必须具备的基本能力和科学素质，而对化学实验的观察尤其需要认真、细心、全面精确，对每一个细节都不能放过。

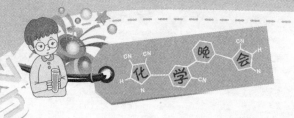

诺贝尔与炸药

诺贝尔 1833 年 10 月 21 日生于瑞典的斯德哥尔摩，1841 年诺贝尔进入小学读书。由于他父亲去了俄罗斯圣彼得堡工作，诺贝尔全家于 1842 年移居圣彼得堡。1843 年起诺贝尔由家庭教师给他进行教学，直到 1850 年。这时他已通晓英、法、德、俄四门外语。1950 年诺贝尔去巴黎，学了一年化学后，又去美国工作了 4 年，随即回圣彼得堡，在他父亲的工厂中工作。1859 年，他父亲经营的企业破产，诺贝尔即回瑞

第一幕
化学演讲

典，开始进行硝化甘油（即甘油三硝酸酯）这种液态炸药的研究。

另一方面，诺贝尔兄弟在 1859 年合资成立了一个"俄国诺贝尔兄弟石油产品公司"这为诺贝尔研究炸药奠定了经济基础。1862 年 5 月，诺贝尔成功地进行了一次爆炸实验，随即取得瑞典专利，并在斯德哥尔摩附近建立了小型工厂来生产硝化甘油。1864 年 9 月该厂一次爆炸事故中，炸毁了工厂，炸死了 5 人，其中包括诺贝尔的小弟弟埃米尔。当时政府禁止他再进行研制。他便晚上开船到海上实验。人们给他以"疯狂的科学家"称号。

1866 年诺贝尔以 75% 硝化甘油，25% 硅藻土为配方，以后者吸收前者，制得使用较安全的爆炸物，诺贝尔称之为 dynamite（达纳炸药），随即获得专利。后来他又改用含氮量较高的纤维素硝酸酯，制得比达纳有更强爆炸力的胶状物，称为炸胶，具有安全、不吸湿、运输方便的特点，于 1876 年获得专利。1887 年他又发明了一种无烟炸药。

诺贝尔还有其他一些发明，他在橡胶合成、皮革、及人造丝制造等方面都曾获得专利。

诺贝尔一生未婚。1896 年 12 月 10 日，他客死于意大利的圣贤雷莫，终年 63 岁。

诺贝尔因经营油田和炸药生产，财富巨大。遗嘱将其财富的主要部分约九百万美元作为基金，以其利息每年（从 1901 年起）对世界上在物理学、化学、生理学或医学、文学、和平等 5 个方面作出大贡献的人士颁发奖金（每年名额各一、

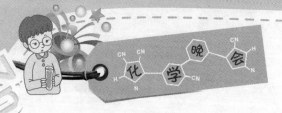

但可由两个人或更多人合得一份），称为诺贝尔物理学奖等等。1969 年起，增设经学奖、由瑞典国家银行提供奖金。

相关知识链接

关于炸药

炸药，能在极短时间内剧烈燃烧（即爆炸）的物质，是在一定的外界能量的作用下，由自身能量发生爆炸的物质。一般情况下，炸药的化学及物理性质稳定，但不论环境是否密封，药量多少，甚至在外界零供氧的情况下，只要有较强的能量（起爆药提供）激发，炸药就会对外界进行稳定的爆轰式作功。炸药爆炸时，能释放出大量的热能并产生高温高压气体，对周围物质起破坏、抛掷、压缩等作用。

炸药源于我国。至迟在唐代，我国已发明火药（黑色炸药），这是世界上最早的炸药。宋代，黑色炸药已被用于战争，它需要明火点燃，爆炸效力也不大。1831 年，英国人比克福德发明了安全导火索，为炸药的应用创造了方便。威力较大的黄色炸药源于瑞典。由瑞典化学家、工程师和实业家诺贝尔发明。1846 年，意大利人索布雷罗合成硝化甘油，这是一种爆炸力很强的液体炸药，但使用极不安全。1859 年后，诺贝尔父子对硝化甘油进行了大量研究工作，用"温热法"降服了硝化甘油，于 1862 年建厂生产。但炸药投产不久，工厂发生爆炸，父亲受了重伤，弟弟被炸死。政府禁止重建这

座工厂。诺贝尔为寻求减少搬动硝化甘油时发生危险的方法，只好在湖面上一支驳船上进行实验。一次，他偶然发现，硝化甘油可被干燥的硅藻土所吸附；这种混合物可安全运输。1865年，他发明雷汞雷管，与安全导火索合用，成为硝化甘油炸药等高级炸药的可靠引爆手段。经过不懈地努力，他终于研制成功运输安全，性能可靠的黄色炸药，硅藻土炸药。随后，又研制成功一种威力更大的同一类型的炸药爆炸胶。约10年后，他又研制出最早的硝化甘油无烟火药弹道炸药。此后，各国的科学家们对更高级的炸药的研制从未间断，并取得了可喜的成果。炸药的用途越来越广阔。

铝的发现

传说在古罗马，一天，一个陌生人去拜见罗马皇帝泰比里厄斯，献上一只金属杯子，杯子像银子一样闪闪发光，但是却很轻。它是这个人从粘土中提炼出的新金属。但这个皇帝表面上表示感谢，心里却害怕这种光彩夺目的新金属会使他的金银财宝贬值，就下令把这位发明家斩首了。从此，再也没有人动过提炼这种"危险金属"的念头，这种新金属就是现在大家非常熟悉的铝。

在19世纪以前，铝被认为是一种希罕的贵金属，价格比黄金还要贵。当一个欧洲君主买了一件有铝钮扣的衣服时，

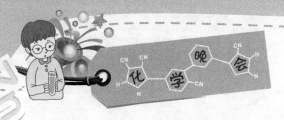

他就瞧不起那些买不起这种奢侈品的其它君主。而没有铝钮扣衣服的君主，又是多么渴望有朝一日自己也能穿上这种带铝钮扣的衣服。

在法国拿破仑三世统治时期，就曾经发生过一件现在看来很好笑的事情。在一个国王举办的盛宴上，只有王室成员和贵族来宾才能荣幸地用铝匙和铝叉用餐。此外，为了让其他国王对自己产生羡慕，他花了大量资金让他的警卫部队的卫士穿上铝盔甲，因制作铝盔甲的确太昂贵了，其他国王无能为力。

1889 年，当门捷列夫在伦敦时，为了表彰他的伟大勋业，他被赠予一件贵重奖品——用金和铝制作的天平。

其实，这些都不足为奇，因为铝的价值贵贱，完全取决于炼铝工业的水平。随着铝产量的增加，铝价也就下降。1854 年，1 公斤铝需 1200 卢布，而到了 19 世纪末就降到 1 卢布。显然，珠宝商人已经对铝完全失去了兴趣，但是，铝却立即吸引了整个工业界。

1919 年，用铝合金造出了第一架飞机，从此以后，铝的命运就牢固地与飞机制造业联系在一起了。铝被誉为"带翼的金属"。

那么，铝是怎么发现的呢？古代，人们曾用一种称为明矾的矿物作染色固定剂。俄罗斯第一次生产明矾的年代可追溯到八至九世纪。明矾用于染色业和用山羊皮鞣制皮革。

中世纪，在欧洲有好几家生产明矾的作坊。

16 世纪，德国医生兼自然科学历史学家帕拉塞斯在铝的

历史上写下了新的一页。他研究了许多物质和金属，其中也包括明矾（硫酸铝），且证实它们是"某种矾土盐"。这种矾土盐的一种成分是当时还不知道的一种金属氧化物，后来叫做氧化铝。

1754 年，德国化学家马格拉夫终于能够分离"矾土"了。这正是帕拉塞提到过的那种物质。但是，直到 1807 年，英国的戴维才把隐藏在明矾中的金属分离出来，用电解法发现了钾和钠，却没能够分解氧化铝。瑞典化学家贝采尼乌斯进行了类似的实验，但是失败了。不过，科学家还是给这种含糊不清的金属取了一个名字。开始贝采尼乌斯称它为"铝土"。后来，戴维又改称它为铝。这是一种奇怪的现象，在没提炼出纯铝时，铝就有了自己的名字。

1825 年，丹麦科学家奥斯特发表文章说，他提炼出一块金属，颜色和光泽有点象锡。他是将氯气通过红热的木炭和铝土（氧化铝）的混合物，制得了氯化铝，然后让钾汞齐与氯化铝作用，得到了铝汞齐。将铝汞齐中的汞在隔绝空气的情况下蒸掉，就得到了一种金属。现在看来，他所得到的是一种不纯的金属铝。因刊登文章的杂志不出名，奥斯特又忙于自己的电磁现象研究，这个实验就被忽视了。两年后，提炼铝的荣誉就归于德国年青的化学家维勒。

奥斯特与维勒是朋友，他把制备金属铝的实验过程和结果告诉维勒，并说打算不再继续做提炼铝的实验。而维勒却很感兴趣。他开始重复奥斯特的实验，发现钾汞齐与氯化铝

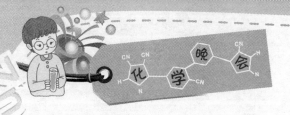

反应以后，能形成一种灰色的熔渣。当将熔渣中所含的汞蒸去后，得到了一种与铁的颜色一样的金属块。把这种金属块加热时，它还能产生钾燃烧时的烟雾。维勒把这一切写信给了贝采里乌斯，告知重复了奥斯特的实验，但制不出金属铝，这不是一种制备金属铝的好方法。

于是，维勒从头做起，设计自己提炼铝的方法。他将热的碳酸钾与沸腾的明矾溶液作用，将所得到的氢氧化铝经过洗涤和干燥以后，与木炭粉、糖、油等混合，并调成糊状，然后放在密闭的坩埚中加热，得到了氧化铝和木炭的烧结物。将这种烧结物加热到红热的程度，通入干燥的氯气，就得到了无水氯化铝。然后将少量金属钾放在铂坩埚中，在它的上面覆盖一层过量的无水氯化铝，并用坩埚盖将反应物盖住。当坩埚加热后，很快就达到了白热的程度，等反应完成后，让坩埚冷却，把坩埚放入水中，就发现坩埚中的混合物并不与水发生反应，水溶液也不显碱性，可见坩埚中的反应物之一——金属钾已经完全作用完了。剩下的混合物乃是一种灰色粉末，它就是金属铝。1827年末，维勒发表文章介绍了自己提炼铝的方法。当时，他提炼出来的铝是颗粒状的，大小没超过一个针头。但他坚持把实验进行下去，终于提炼出了一块致密的铝块，这个实验用去了他18个年头。此外，他还用相同的方法制得了金属铍。

由于维勒是最初分离出金属铝的化学家。在美国威斯汀豪斯实验室曾经铸了一个铝制的维勒挂像。

相关知识链接

铝的主要用途

由于铝具有优良的物理性能,它在国民经济各行业和国防工业中得到了广泛的应用。铝作为轻型结构材料,重量轻、强度大,海、陆、空各种运载工具,特别是飞机、导弹、火箭、人造地球卫星等,均使用大量的铝,一架超音速飞机的用铝量占其自身重量的70%,一枚导弹用铝量占其总重量的10%以上;用铝和铝合金制造的各种车辆,可以减少能耗,其所节省的能量远远超过炼铝时所消耗的能量;在建筑工业中用铝合金做房屋的门窗及结构材料;用铝制作太阳能收集器,可以节能;在电力输送方面,铝的用量居首位,90%的高压电导线是用铝制作的;在食品工业上,从储槽到罐头盒,以至饮料容器大多用铝制成;铝粉可做难熔金属(如钼等)的还原剂和做炼钢中的脱氧剂,日常生活所用的锅、盘、匙等大多由铝制成。

铝的化合物如氢氧化铝可用来制备铝盐、吸附剂、媒染剂和离子交换剂,也可作为瓷釉、耐火材料等的原料,在医药上用作酸药,有中和胃酸和治疗溃疡的作用;偏铝酸钠常用于印染织物;无水氯化铝是石油工业和有机合成中常用的催化剂;六水合氯化铝可用于制备除臭剂、安全消毒剂;六氟合铝酸钠(即冰晶石),在农业上常用作杀虫剂;磷化铝遇潮湿或酸放出剧毒的磷化氢气体,可毒死害虫,农业上用作

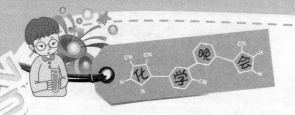

谷仓杀虫的熏蒸剂；硫酸铝常用作造纸的填料；硝酸铝可用来鞣革和制白热电灯丝，也可用作媒染剂；硅酸铝常用于制玻璃、陶瓷、油漆的颜料以及油漆、橡胶和塑料的填料等；硫糖铝又名胃溃宁，学名蔗糖硫酸酯碱式铝盐，它能和胃蛋白酶结合，直接抑制蛋白分解活性，作用较持久，并能形成一种保护膜，对胃粘膜有较强的保护作用和制酸作用，帮助粘膜再生，促进溃疡愈合，毒性低，是一种良好的胃肠道溃疡治疗剂。

近些年，人们又开发了一些新的含铝化合物，如用作复合木地板耐磨层的三氧化二铝，还有烷基铝、纳米氧化铝等。随着科学的发展，人们将会更多更好地利用铝及化合物造福人类。

认识臭氧

氧气是人们很熟悉的气体，人和动物时刻都离不开它。但你是否知道氧气还有一位"哥哥"，那就是臭氧。臭氧的"个子"要比氧气大，1个氧气分子由2个氧原子构成，而1个臭氧分子却由3个氧原子构成。 氧气和臭氧虽然都由氧原子构成，但它们的"外貌"和"个性"却很不相同。氧气是无色无味的，臭氧气

臭氧的电子结构式

体却呈美丽的天蓝色，有刺激性臭味。 臭氧的化学性质比氧气活泼，当温度过高，它就会分解，每个臭氧分子能分解成1个氧气分子和1个氧原子，产生的这个氧原子叫新生态氧，它非常活泼，氧化能力非常强，它会迅速氧化其它物质或自动还原成氧气，根据这一特性，人们利用它在水中和空气中与各种有机物发生化学反应，并在反应中产生杀菌、解毒、防臭、漂白等氧化作用为人类生活服务。

臭氧还能氧化病菌，为空气、饮水等快速消毒而且不留气味。科研人员发现，臭氧有抑制癌细胞增长的神奇功效，只要空气中含百分之零点五的臭氧，在8日内就可抑制40%的癌细胞增长，另外，如果说将臭氧溶于水形成臭氧水，用臭氧水洗瓜果蔬菜，可以清除残存于上面的化肥、农药和腥味，还可延长保鲜期，用臭氧水刷牙，可以有效地预防各种牙病；用臭氧水洗澡，对皮肤病、消化道疾病、身体肿痛以及许多慢性病均有显著疗效。

在臭氧中，汽油、酒精、棉花、木屑等物质会自动燃烧起来。在大气中，氧气的含量几乎占了空气的五分之一左右，可是臭氧在大气中的含量却微不足道，而且它们都比较集中地"居住"在高层大气中。 也许你会想，臭氧的量既然不多，又分布在高层大气中，它与人类大概没有多大关系吧！事实并非如此，可以这么说。人类和一切生物能在地面上正常地生活，在很大程度上都是由于臭氧帮的忙。原来太阳在给予地球光和热的同时，也"射"来了大量足以杀死一切生物的紫外线，而臭氧却有吸收紫外线的本领，于是大部分紫

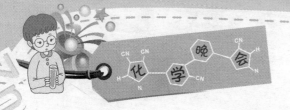

外线被臭氧"扣留"住了，地面上的生物才免遭灾害。臭氧为保护地球上的生命作出了不可磨灭的贡献。

在松树林里，空气往往格外清新，令人呼吸舒畅，原因之一就是松林中常含有微量的臭氧。这些臭氧是松树的树脂在氧化过程中产生的。微量的臭氧不但不臭，反而能使空气变得清新，特别是对呼吸道病人的呼吸尤为有益。疗养院常常设在松林中，道理就在这里。

雷雨后的空气也会变得十分清新，这除了雨水将空气中的尘埃洗净以外，臭氧也起了相当的作用，原来闪电能使空气中的部分氧气转变成臭氧。　但是近年来，保护地球生命的高空臭氧层面临严重的威胁。喷气式飞机和火箭、导弹将大量废气排放到高空，部分臭氧被消耗。如此发展下去，就会给臭氧保护伞捅开大窟窿，紫外线和宇宙辐射将长驱直入，伤害地球生灵，这为环境保护提出了严峻的课题。　然而臭氧对人类也有不利的一面。例如，地面大气中的臭氧含量超过一定标准时，将对人体的鼻、咽、气管和肺具有刺激作用。另外，还会加速橡胶老化、腐蚀设备、损伤植物等。

相关知识链接

臭氧层的作用

臭氧是氧气的同素异形体，在常温下，它是一种有特殊臭味的蓝色气体。臭氧主要存在于距地球表面20公里的同温

层下部的臭氧层中。它吸收对人体有害的短波紫外线，防止其到达地球。臭氧层的作用对地球上的生命是至关重要的。

1. 吸收紫外 –B 带紫外光

太阳光谱中，能达到地球表面的有紫外光和可见光，其中紫外 –B 带的紫外光能被臭氧吸收。紫外 –B 带紫外光的波长范围是 240 ～ 320nm，紫外线波长为 200 ～ 400nm，紫外线可以促进人类皮肤上合成维生素 D 的反应，这对骨组织的生成及保护起有益的作用，但紫外 –B 带的过量照射可以引起皮肤癌、免疫系统和眼的疾病，对动植物也有伤害。因此，臭氧层能吸收紫外 –B 带紫外光，就保护了地球上的生命。臭氧层能让太阳光中的可见光通过，而吸收掉 99％ 以上的有害紫外辐射，所以有人称臭氧层为地球生命的"保护神"、"保护伞"或"臭氧屏障"。

2. 臭氧层引起逆温现象

臭氧吸收紫外辐射，必然要升高温度，这就使得平流层升温，使得平流层的温度随高度升高而升高，造成逆温现象。这种逆温现象与对流层的逆温现象一样，增加了大气的稳定度，意为大气的上下对流很难进行，大气中排出的废物在垂直方向混合很慢，但它们在水平方面的传播则比较快，在一个星期左右就能传播到地球上所有经度的地区，几个月内可以达到所有纬度的地区。因此，那些破坏臭氧层的物质，无论在地球的什么地方排放，都会在全球扩散开来，于是，像二氧化碳一样，臭氧层的问题也成为全球问题，任何一个国家和地区要想保护它上方的臭氧层是无能为力的。

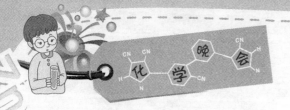

3. 臭氧是温室气体

臭氧也是一种温室气体，它在大气窗口的波长段有吸收，对流层的臭氧增加，对大气温度升高会有所贡献，因此，在贴近地面的对流层中臭氧浓度的增高会引起温室效应的加强，这是对人类的不利作用。

4. 光化学烟雾形成的臭氧

光化学烟雾是汽车等排放的尾气在阳光的作用下形成的二次污染物，臭氧也是光化学烟雾中的主要成分之一，会造成对人类呼吸系统的损害，并对动植物造成伤害。

紫外线从多方面影响着人类健康。人体会发生如晒斑、眼病、免疫系统变化、光变反应和皮肤病（包括皮肤癌）等。皮肤癌是一种顽固的疾病，紫外线的增长会使患这种病的危险性增大。流行病学已证实了非黑瘤皮肤癌的发病率与日晒紧密相关。受紫外线侵害还可能会诱发麻疹、水痘、疟病、疱疹、真菌病、结核病、麻风病、淋巴癌。

紫外线的增加还会引起海洋浮游生物及虾、蟹幼体、贝类的大量死亡，造成某些生物灭绝。紫外线照射结果还会使成群的兔子患上近视眼，成千上万只羊双目失明。

自然界敲响氮失衡警钟

固定氮是任何生命所必需的。所有的固定氮都来自两个

自然过程：一是土壤中存在的某些细菌能固化空气中游离状态的氮；二是空中发生的闪电能产生氮的化合物。另外，土壤中还存在其它一些细菌，它们能把化合态的氮还原成游离态的氮。本来，这三种过程大致处于一种平衡状态，使生物圈中大体上不存在多余的氮化合物。但是从 20 世纪 30 年代以来，由于复合肥的广泛使用和石油的大量开采，原有的氮平衡遭到破坏。现在，土壤中的细菌已不能完全吸收和降解因人类活动而产生的氮化合物，越来越多的氮化合物流入湖泊、河流、港湾和海洋之中，给人类带来了很多问题。据专家测算，每年沉积在土壤中的氮元素 60% 是人为产生的。

根据对湖泊富营养化的研究，认为无机氮大于 300 毫克／立方米（或总磷大于 20 毫克／立方米）时，水体属于富营养化。富营养化引起水中藻类植物过度繁殖，这些植物死亡以后在水底被细菌分解，几乎耗尽水中的氧气，窒息了深水区的鱼。如果富营养化发生在近海，则会引起夜光虫、腰鞭毛虫、束丝藻等小浮生物的过量繁殖，密度很大时海水变色，从而形成臭名昭著的"赤潮"，使鱼类、贝类、虾类大批死亡，给渔业生产带来极大的损失。

除了污染水域，过多的氮对陆地植物也会造成危害。为什么本该对植物有益的氮反而对植物有害呢？一种可能的机制是：石油燃烧产生大量的氮氧化物，通过酸雨渗透到森林的表层土壤中，溶出土壤中的镁、钙、钾等元素，形成可溶性的硝酸盐而流失，导致森林中的土壤越来越贫瘠。最近的研究还表明：氮的氧化物和氨能直接从空气中进入树叶和树

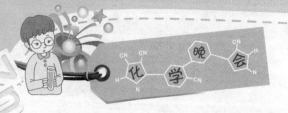

皮，而不必从土壤渗透到树根。这种液体能输送包括氨基酸在内的植物养分，通常不会含有硝酸盐。但是在氮元素排放过多的区域，木质部的液体含有大量的硝酸盐，这些硝酸盐被认为是从植物的地面以上部分进入植物体内的。植物能调节根部吸收的氮，但不能有效地调节从枝叶进入的氮。这些过多氮使得植物加速生长，但由缺乏其它营养，它们都很虚弱而且易于受到病虫害的侵袭。

氮的化合物排放过多还会使得少数植物大量繁殖，而其它不能适应环境变化的生物将日趋消亡，这将严重影响生物的多样性。此外，亚硝酸根（硝酸根在消化系统中被还原）能与人体内血红蛋白作用形成高铁血红蛋白，从而使血红蛋白丧失输血能力。硝酸盐和亚硝酸盐还是形成亚硝胺的反应物，而亚硝胺是致癌、致异变和致畸的物质，所以水中的 N_2O_3 和 NO_2 的浓度应受到严格控制。

目前，解决氮失衡问题有几种可以考虑的途径。一种途径就是更加谨慎地使用化肥，就像管制杀虫剂一样管制化学肥料的使用；第二种途径是水稻和有固氮功能的作物进行杂交，以减少对化肥的需求；第三种途径是制造排废气量更小的汽车。

氮有什么作用？

氨水　水

相关知识链接

固氮作用

固氮作用是分子态氮被还原成氨和其他含氮化合物的过程。自然界氮（N_2）的固定有两种方式：一种是非生物固氮，即通过闪电、高温放电等固氮，这样形成的氮化物很少；二是生物固氮，即分子态氮在生物体内还原为氨的过程。大气中90%以上的分子态氮都是通过固氮微生物的作用被还原为氨的。

生物固氮是固氮微生物的一种特殊的生理功能，已知具固氮作用的微生物约近50个属，包括细菌、放线菌和蓝细菌（即蓝藻），它们的生活方式、固氮作用类型有较大区别，但细胞内都具有固氮酶。不同固氮微生物的固氮酶均由钼铁蛋白和铁蛋白组成。固氮酶必须在厌氧条件下，即在低的氧化还原条件下才能催化反应。固氮作用过程十分复杂，目前还不完全清楚。

根据固氮微生物与高等植物的关系，可分为自生固氮菌、共生固氮菌以及联合固氮菌。其所进行的固氮作用分别称为自生固氮，共生固氮或联合固氮。

自生固氮菌是自由生活在土壤或水域中，能独立进行固氮作用的某些细菌。以分子态氮为氮素营养，将其还原为NH_3，再合成氨基酸、蛋白质。包括好氧性细菌，如固氮菌属、固氮螺菌属以及少数自养菌；兼性厌氧菌，如克雷伯氏

菌属；厌氧菌，如梭状芽孢杆菌属的一些种。还有光合细菌如红螺菌属、绿菌属以及蓝细菌（蓝藻），如鱼腥藻属、念珠藻属等。

共生固氮菌在与植物共生的情况下才能固氮或才能有效地固氮，固氮产物氨可直接为共生体提供氮源。共生固氮效率比自生固氮体系高数十倍。主要有根瘤菌属的细菌与豆科植物共生形成的根瘤共生体，弗氏菌属与非豆科植物共生形成的根瘤共生体；某些蓝细菌与植物共生形成的共生体，如念珠藻或鱼腥藻与裸子植物苏铁共生形成苏铁共生体，红萍与鱼腥藻形成的红萍共生体等。

近年在上述两个类型之间又提出一个中间类型，称为联合固氮。即有的固氮菌生活在某些植物根的粘质鞘套内或皮层细胞间，不形成根瘤，但有较强的专一性，如雀稗固氮菌与点状雀稗联合，生活在雀稗根的粘质鞘套内，固氮量可达15～93千克/公顷·年。其他如生活在水稻、甘蔗及许多热带牧草的根际的微生物，由于与这些植物根系联合，因而都有很强的固氮作用。

可恶的毒品

大家从电视、报纸上可能看到过"白粉妹"的自述吧？那么是什么原因让这些如花似玉的姑娘，不珍惜自己的青春

年华，却爱与魔鬼交朋友？为什么这些原在明媚阳光下舒展美的天使，却喜欢去拥抱幽灵般的噩梦呢？其原因固然很多，但其中之一是人们对毒品的本质认识不够，对毒品的危害性认识不足。不少人是出于好奇心，由尝试毒品开始，逐渐发展成为不能自拔的瘾君子，最终为毒品所吞噬。为了使各位朋友能更好地了解和认识毒品，现对三大毒品进行简介。

那么，什么是毒品呢？毒品一般指非医疗、非科研、非教学需要而滥用的有依赖性的药品，或指被国家管制的、对人有依赖性的麻醉药品。通常所说的三大毒品是可卡因、大麻和海洛因。

1. **可卡因**。又称"古柯碱"，它是一种生物碱。纯净物是白色结晶状粉末，有局部麻醉作用，而且毒性较大，它是一种能导致神经兴奋的兴奋剂和欣快剂，最早是在 1859 年由奥地利的化学家从南非灌木中一种叫做古柯植物的叶子中提炼出来的，当地居民从生活经验中得知，嚼食这种植物的叶子可以起到消除疲劳，提高情绪的作用，因此很早开始使用，但长期使用会引起医学上称为偏执狂型的精神病，如果怀孕妇女服用，有可能导致胎儿的流产、早产或死产；大量服用，能刺激脊髓，引起人的惊厥，严重的可达到呼吸衰竭以致死亡的程度。

2. **大麻**。大麻主要成份有三个部分：大麻油、大麻草和大麻酯，最起作用的成份是四氢大麻酚。现代化学家从大麻中已提炼出四万多种化合物。世界上最大的大麻产地是哥伦比亚，因此哥伦比亚的毒枭是世界闻名的，它的年产量在

7500 ～ 9000 吨，其次是墨西哥和美国。

大麻是从一年生植物中提取的，由于种植和加工比较方便，价格便宜，故被称为穷人的毒品。它的毒性仅次于鸦片，可以口服、吸烟，也可以咀嚼。根据试验表明：人一般吸入7毫克即可引起欣快感。它有生理的依赖性，会使人上瘾。医学实验表明：长期服用会使人失眠、食欲减退、性情急躁、容易发怒、产生呕吐、幻觉，使人的理解力、判断力和记忆力衰退，对疾病的免疫力下降，从而使人容易得各种疾病，结果使人身体虚弱、消瘦，严重影响健康。

3. **海洛因**。俗称"白粉"、"白面儿"。纯净物是白色晶体、味苦、有毒，其毒性相当于吗啡的2 ～ 3倍，它是毒性之王。是由吗啡加上化学物质发生反应而制得的。从组成上看，它是吗啡的二乙酰衍生物，通常含有乙酰吗啡盐70%以上。

海洛因对人体没有任何医疗作用，吸食后极易上瘾，使人进入宁静、温暖、快慰、平安状态，并能持续几个小时，长期服用会引起人体心律失常、肾功能衰竭、皮肤感染、肺活量降低、全身性化脓性并发症，还能引起便秘、肠梗阻、蛋白尿等多种症状，会使人身体消瘦、心理变态、性欲亢进、智力减退。女性服用后会使月经失调、乳房萎缩，若吸入过多，会使人死亡。

从以上三大毒品的介绍可知，毒品是万恶之源，不仅摧残肉体，扭曲心灵，并且刻意引发偷盗、赌博、强奸、卖淫、杀人放火等一切人间罪孽。因此，开展扫毒教育活动是我们

每一位公民的责任。

毒品有可卡因、大麻、海洛因等

我们要远离毒品！

相关知识链接

毒品的危害

《中华人民共和国刑法》第 357 条规定，毒品是指鸦片、海洛因、甲基苯丙胺（"冰毒"）、吗啡、大麻、可卡因以及国家规定管制的其他能够使人形成瘾癖的麻醉药品和精神药品。

毒品的危害很多，归纳起来最主要的危害有两大类：

1. 吸毒对身心的危害

(1) 吸毒对身体的毒性作用：毒性作用是指用药剂量过大或用药时间过长引起的对身体的一种有害作用，通常伴有机

体的功能失调和组织病理变化。中毒主要特征有：嗜睡、感觉迟钝、运动失调、幻觉、妄想、定向障碍等。

(2) 戒断反应：这是长期吸毒造成的一种严重和具有潜在致命危险的身心损害，通常在突然终止用药或减少用药剂量后发生。许多吸毒者在没有经济来源购毒、吸毒的情况下，或死于严重的身体戒断反应引起的各种并发症，或由于痛苦难忍而自杀身亡。戒断反应也是吸毒者戒断难的重要原因。

(3) 精神障碍与变态：吸毒所致最突出的精神障碍是幻觉和思维障碍。他们的行为特点围绕毒品转，甚至为吸毒而丧失人性。

(4) 感染性疾病：静脉注射毒品给滥用者带来感染性合并症，最常见的有化脓性感染和乙形肝炎，及令人担忧的艾滋病问题。此外，还损害神经系统、免疫系统，易感染各种疾病。

2. 吸毒对社会的危害

(1) 对家庭的危害：吸毒者在自我毁灭的同时，也破坏自己的家庭，使家庭陷入经济破产、亲属离散、甚至家破人亡的困难境地。

(2) 对社会生产力的巨大破坏：吸毒首先导致身体疾病，影响生产，其次是造成社会财富的巨大损失和浪费，同时毒品活动还造成环境恶化，缩小了人类的生存空间。

(3) 毒品活动扰乱社会治安：毒品活动加剧诱发了各种违法犯罪活动，扰乱了社会治安，给社会安定带来巨大威胁。

吸烟对人体的危害

每天吸 15 到 20 支香烟的人，其易患肺癌，口腔癌或喉癌，致死的几率，要比不吸烟的人大 14 倍；其易患食道癌致死的几率比不吸烟的人大 4 倍；死于膀胱癌的几率要大两倍；死于心脏病的几率也要大两倍。吸香烟是导致慢性支气管炎和肺气肿的主要原因，而慢性肺部疾病本身，也增加了得肺炎及心脏病的危险，并且吸烟也增加了高血压的危险。

烟的烟雾（特别是其中所含的焦油）是致癌物质——就是说，它能在它所接触到的组织中产生癌，因此，吸烟者呼吸道的任何部位（包括口腔和咽喉）都有发生癌的可能。

尼古丁能使心跳加快，血压升高，烟草的烟雾可能是由于含一氧化碳之故，似乎能够促使动脉粥样化累积，而这种情形是造成许多心脏疾病的一个原因，大量吸烟的人，心脏病发作时，其致死的机率比不吸烟者大很多。

吸烟妇女服用避孕药，会使服避孕药的危险性增大，每天吸烟 15 到 20 支的怀孕妇女，其流产机率比不吸烟妇女大两倍，而且更容易产下早产儿或体质衰弱的婴儿，吸烟妇女所生的婴儿在产后期的死亡率，比不吸烟妇女所生的婴儿大约高 30%。

烟草烟雾中的化学物质除了会致癌，还会逐渐破坏一些绒毛，使粘液分泌增加，于是肺部发生慢性疾病，容易感染支气管炎。明显地，"吸烟者咳嗽"是由于肺部清洁的机械效能受到了损害，于是痰量增加了。膀胱癌可能是由于吸入焦

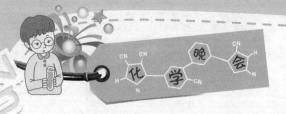

油中所含的致癌化学物质所造成，这些化学物质被血液所吸收，然后经由尿中出来。

据检测，香烟不完全燃烧过程中要发生一系列的热分解和热合成化学反应，形成大量的新物质，其有害成分达3000余种，其中致癌、促癌物就多达30余种。人们常说的尼古丁、烟焦油仅是这些有毒物质中的一部分。以这两种物质为例，前者使吸烟者成瘾，从而不断受害，后者是通过在体内特别是肺内的沉积，渐成"超级杀手"。试验证明，1支香烟所含尼古丁可毒死1只小白鼠；20支香烟中的尼古丁可毒死1头牛；人的致死量是50毫克～70毫克，相当于20～25支香烟尼古丁的含量。如果将1支雪茄烟或3支香烟的尼古丁注入人的静脉内，3～5分钟即可致死。烟焦油致癌和促癌物为多环芳烃和酚类化物，这些物质可以沉积于肺内，经多年积累，就有可能发生癌变。年龄45岁、烟龄20年的人比不吸烟者患肺癌的高出10倍以上。

吸烟还可以引起急性中毒死亡，我国早已有吸烟多了就摔倒在地，口吐黄水而死亡的例子，崇祯皇帝为此曾下令禁烟，前苏联曾有一名青年第一次吸烟，吸 1 支大雪茄后死去。英国一名长期吸烟的 40 岁的健康男子，因从事一项重要工作，一夜吸了 14 支雪茄和 40 支香烟，早晨感难受，经医生抢救无效死去，法国一个俱乐部举行了一次吸烟比赛，优胜者在他吸了 60 支纸烟，未来得及领奖即死去，其他参加比赛都因生命垂危，到医院抢救。

吸烟造成的社会危害也不可小视。因吸烟点火乱扔未熄灭的烟头，造成火灾的案例屡见报端，最典型的莫过于 1987 年 5 月大兴安岭森林火灾。此次大火共造成 69.13 亿元的惨重损失。事后查明，这次特大森林火灾，最初的五个起火点中，有四处系人为引起，其中两处起火点是三名"烟民"烟头引燃的。

迄今为止，已知的与烟草有关的疾病已超过 25 种。烟草所致的急性危害包括缺氧、心跳加快、气喘、阳痿、不孕症以及增加血清二氧化碳浓度。吸烟的长期危害主要是引发疾病和死亡，包括心脏病发作、中风、肺癌及其他癌症。研究表明，吸烟不仅危害吸烟者本人，而且危及间接吸烟者得同样的病，特别对婴幼儿危害更大，可导致急性死亡、呼吸道疾病及中耳疾病等。世界卫生组织估计，在世界范围内，死于与吸烟相关疾病的人数将超过爱滋病、结核、难产、车祸、自杀。

我们呼吁：珍惜生命、维护健康，决不抽烟！

香烟的主要成分

尼古丁：香烟烟雾中极活跃的物质，毒性极大，而且作用迅速。40～60毫克的尼古丁具有与氰化物同样的杀伤力，能置人于死地。尼古丁是令人产生成瘾性的主要物质之一。

焦油：在点燃香烟时产生，其性质与沥青并无多大差别。有分析表明，焦油中约含有5000种有机和无机的化学物质，是导致癌症的元凶。

亚硝胺：亚硝胺是一种极强的致癌物质。烟草在发酵过程中以及在点燃时会产生一种烟草特异的亚硝胺。

一氧化碳：吸烟时，烟丝并不能完全燃烧，因此会有较多的一氧化碳产生。一氧化碳与血红蛋白结合，影响心血管的血氧供应，促进胆固醇增高，也可以间接影响某些肿瘤的形成。

放射性物质：烟草中含有多种放射性物质，其中以钋210最为危险。它可以放出α射线。

其他有害及致癌物质：除了上述有害物质之外，香烟中的有害物质还有苯并芘，这是一种强致癌物质。另外烟中的金属镉、联苯胺、氯乙烯等，对癌细胞的形成会起到推波助澜的作用。

烟草是人类所认识的各种植物中含化学物质最多的一种。经过几年的研究，人们发现烟草及燃烧后的烟气中，化学成

分极为复杂、丰富，几乎拥有所有已知的化学元素。对此，国内外许多报道不尽一致，有的说烟气中成分竟高达4万多种，有的说2万多种。通行的说法有：一是国外科学家分析，烟草与燃烧后的烟气中所含各种化合物总数为5289种。二是目前可以鉴定出来的单体化学物质就达4875种，而且还有许多成分尚未鉴定出来。当烟支在高温条件下燃烧（或燃吸）时，烟支内部化学成分发生了一系列复杂变化，向外扩散便形成了烟气，烟气中大约三分之一的化学物质来自烟草，其余的则是新组合的化合物。吸烟过程中，对吸烟者有重要影响的包括以下几种主要成分：

糖类：烟草中含糖越多，品质越好。优质的烟草含糖约20%～26%。

油脂：烟草的内部香味和外观油分主要是来自所含的油脂，烟叶以含油脂高者为好。

蛋白质：一般来讲，蛋白质含量的多少与烟草的品质优劣成反比，优质烟的蛋白质含量在10%以下。蛋白质在燃烧后会产生烟焦油。

生物碱：烟草中含有多种生物碱，能刺激人的神经中枢。人们长说的"劲头"主要就来自烟碱，含烟碱多的烟叶"劲头"就大。

矿物质：包括磷、钾、钙、镁、硫、铁、铝、硅、氯等。烟叶中含钾高，会增强卷烟的燃烧力和阴燃持火力，并使烟灰变白。如果发现烟灰呈片状脱落，那就是含镁较多的表现。

烟叶的重要物质还有酶、有机酸、酚类等。

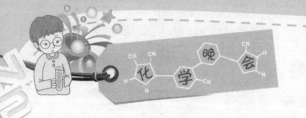

摩尔的历程

摩尔一词源于拉丁文 moles，原意是大量、堆积量的意思。在化学中使用摩尔一词，最早可追溯至 20 世纪初。不过那时它的概念与现在不同。它被作为一个特殊的质量单位而提出，在 20 世纪 40 至 50 年代，就曾在欧美的化学教科书中作为克分子量的符号。中文译为克分子，意即物质的一定量，以克作单位。在数值上恰好等于该物质的分子量。与克分子相类似的还有克原子、克离子、毫克分子、公斤分子、吨分子等等多种名称，这些名称一直延续使用到 20 世纪 70 年代初。

首先提议把摩尔作为基本单位使用的是美国化学家古根海姆，他于 1961 年在美国"化学教育"杂志上著文，提议用摩尔来统一克分子、克原子、克离子等概念，并把摩尔称谓"化学家的物质的量"。这一提议很快受到各国科学家的重视，并获得赞同。

国际上正式采用摩尔作为基本单位是在 1971 年。1971 年 10 月，在由 41 个国家参加的第 14 届国际计量大会上，正式宣布了国际纯粹和应用化学联合会、国际纯粹和应用物理联合会和国际标准化组织关于必须定义一个物质的量的单位的提议，并作出了决议。从此，"物质的量"就成为了国际单位制中的一个基本物理量。摩尔是由克分子发展而来的，起着统一克分子、克原子、克离子、克当量等许多概念的作用，

同时把物理上的光子、电子及其他粒子群等"物质的量"也概括在内，使在物理和化学中计算"物质的量"有了一个统一的单位。

第14届国际计量大会批准的摩尔的定义为：

(1) 摩尔是一系统的物质的量，该系统中所含的基本单元数与0.012 kg 碳–12的原子数目相等。

(2) 在使用摩尔时应予指明基本单元，可以是原子、分子、离子、电子及其他粒子，或这些粒子的特定组合。

根据摩尔的定义，12 g 碳–12中所含的碳原子数目就是1 mol，即摩尔这个单位是以12 g 碳–12^{12}C 中所含原子的个数为标准，来衡量其他物质中所含基本单元数目的多少。12g 碳–12核素所包含的碳原子数目就是阿伏加德罗常数（NA），目前实验测得的近似数值为 NA=$6.02×10^{23}$。摩尔跟一般的单位不同，它有两个特点：①它计量的对象是微观基本单元，如分子、离子等，而不能用于计量宏观物质。②它以阿伏加德罗数为计量单位，是个批量，不是以个数来计量分子、原子等微粒的数量。也可以用于计量微观粒子的特定组合，例如，用摩尔计量硫酸的物质的量，即1mol 硫酸含有$6.02×10^{23}$个硫酸分子。摩尔是化学上应用最广的计量单位，如用于化学反应方程式的计算，溶液中的计算，溶液的配制及其稀释，有关化学平衡的计算，气体摩尔体积及热化学中都离不开这个基本单位。

摩尔跟其他的基本计量单位一样，也有它的倍数单位。

1 Mmol = 1 000 kmol

1 kmol = 1 000 mol

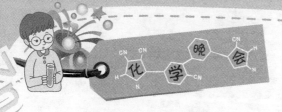

1 mol = 1 000 mmol

1977年5月，我国国务院颁发"中华人民共和国计量管理条例（试行）"，明确规定在我国推行国际单位制，随此，"摩尔"很快在我国传播开来。

对摩尔的理解往往会产生两种错误说法。一说摩尔是质量单位，这是不对的！质量是物体惯性大小的量度，它的单位是千克，而摩尔是物质的量的单位，它代表物质体系中所含结构微粒的数目，两者概念完全不同。那么能不能说摩尔是数量单位呢？也不能！物质的数量只能以"个"作单位来计量，而摩尔是以0.012千克碳—12中所含有的原子数目来定义的。由于目前还不能准确测得0.012千克碳—12中所含碳—12原子的真实个数，只能测得它的近似值。所以我们用这个近似值的整数或分数倍来表达某一物质的量时，当然也就不能指出结构微粒的真实个数。可见，对摩尔的正确理解只能是：摩尔是物质的量的单位。

相关知识链接

化学上的摩尔概念

科学上把含有 6.02×10^{23} 个微粒的集体作为一个单位，称为摩尔，它是表示物质的量（符号是 n）的单位，简称为摩，单位符号是 mol。

1mol 的碳原子含 6.02×10^{23} 个碳原子，质量为 12 克。

1mol 的硫原子含 6.02×10^{23} 个硫原子，质量为 32 克。

同理，1摩任何物质的质量都是以克为单位，数值上等于该种原子的相对原子质量。

水的式量是 18，1mol 的质量为 18g，含 6.02×10^{23} 个水分子。

通常把 1mol 物质的质量，叫做该物质的摩尔质量（符号是 M），摩尔质量的单位是克 / 摩，读作"克每摩"（符号是"g/mol"）例如，水的摩尔质量为 18g/mol，写成 M（H_2O）=18g/mol。

物质的质量（m）、物质的量（n）与物质的摩尔质量（M）相互之间有怎样的关系呢？

即有：n=m/M

元素符号、名称、化学式的由来

"H_2O"是什么？全世界无论哪个国家，只要学过化学的人都知道，这是水的化学式，它是化学学科所特有的语言，蕴藏着丰富的内容，既表明水的组成，也表示氢、氧两元素的原子个数比、质量比等。应用它表示化学反应更是一目了

然。而这些符号名称是怎样得到的呢？

在古代，没有统一的化学符号。如古希腊用行星的形象符号来表示一些金属元素。

后来炼金术士们还采用一些图画符号来表示元素和化合物，不过他们把这些符号视为机密，所以往往因人而异，如：

这种与物质的组成毫不相干的命名和符号不利于化学的发展。

1808 年，道尔顿自行设计出一整套符号来表示他的理论。他认为简单原子都是球形的，所以他的元素符号都是圆圈，或在圆圈内标出一些字母的方法表示元素。如：

再将这些基本元素符号组合起来成各种化合物。如硫酸

气（SO_3）用右图表示：

　　显然道尔顿采用的符号仍然没有跳出象形文字的圈子，使用起来还很不方便。鉴于以上原因，瑞典化学家贝采里乌斯（1779～1848）对化学符号进行了改革。他所创造的符号比较简单，不用那么多的几何图形，而是取元素拉丁文名称的起首大写字母作为该元素的符号。如果几种元素的拉丁文名称起首字母相同，则要加上另外一个小写字母以示区别。他在谈到这种表示方法的目的和特点时说："这种新的化学符号是为了用作实验室中药品容器的标签而创造的。这是唯一的简明地表示药品的化学组成的方式。如果我们用文字和词汇来表示一个化合物，往往需要写一行字，但是使用化学符号则要简短得多，而且可以达到一目了然的效果。"他还指出："化学符号用字母表示，以便书写起来极其容易，并且消除书刊印刷中的困难"。他还用幂数（指数）的形式来表示化合物中元素的数目，例如：SO_2、P_2O_5。他的表示方法与我们现今所采用的方法的差别只在于他将阿拉伯数字放在右上角，而现在通用的符号是把数字放在右下角。然而，贝采里乌斯进行化学符号的改革对化学的发展起了不小的作用。不仅为每一个学习和研究化学的人提供方便，也给各国化学家提供了一个通用符号，成为世界性的化学语言，这些符号沿用了一百多年，至今还在使用。

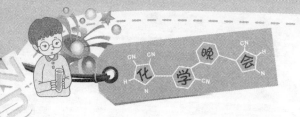

漫话黑火药

人类最早使用的火药是黑火药，它是我国劳动人民在一千多年前发明的。它的发明闻名于世，被称为我国古代四大发明之一。

黑火药主要是硝酸钾、硫黄、木炭三种粉末的混合物。这种混合物着火易燃，燃烧起来相当激烈。体积很小的火药点燃后，由于氧化还原反应迅猛进行，在短时间内放出的热量，使产生的大量气体体积迅速膨胀，增至几千倍，假如反应发生在密封的容器中，就会发生爆炸。因固体产物中夹杂着未燃烧的炭粉，能看到冒黑烟。易燃烧、能爆炸的混合物为什么又称为"药"呢？这是由于它的主要成分硝石（硝酸钾）、硫黄是古代中医治病用的重要药材，火药在发明之后亦被列为治湿气、避瘟疫、治皮肤病的药类，更重要的是火药的发明来自长期炼丹制药的实践，因而被称为药是十分自然的。

火药的发明是中国古代劳动人民长期实践的结果。首先对炭、硫、硝三种物质的认识，为火药的发明准备了条件。在唐朝，人们在伏火硫磺、伏火硝石的多次实验中，已经观察到点燃硝石、硫磺、木炭的混合物，会发生异常激烈的燃烧。当人们掌握了三者恰当的比例，有意识地利用这类混合

物的燃烧性能时，火药发明了。

人们发明了火药，很快在军事上发挥了它的作用。在火药发明之前，古代军事家常用火攻这一战术克敌制胜。在火攻中常使用"火箭"，即在箭头上附着易燃的油脂、松香、硫磺等，点燃后射向敌方。但由于这种燃烧火力小，容易扑灭，所以火药出现后，人们就用火药代替上述易燃物，制成的火箭燃烧就猛烈多了。有时在火药中加上巴豆、砒霜等有毒物质，燃烧后生成的烟四处飞散，相当于"毒气弹"。但这些都只是利用火药的燃烧性能。随着火药武器的发展，逐步过渡到利用火药的爆炸性能。北宋时用于击退金兵的所谓"霹雳炮"、"震天雷"等，就是以铁壳作为外壳，由于强度比纸、布、皮大得多，点燃后能使炮内的气体压力增大到一定程度再爆炸，所以威力强，杀伤力大。从利用火药的燃烧性能到利用火药的爆炸性能，这一转化标志着火药使用的成熟阶段的到来。

恩格斯指出："火药是从中国经过印度传给阿拉伯人，又由阿拉伯人和火药武器一道经过西班牙传入欧洲。"火药是由商人在公元 1225 年到 1248 年间经印度传入阿拉伯国家。欧洲人，首先是西班牙人，在公元 12 世纪后期通过翻译阿拉伯人的书籍才知道火药。主要的火药武器大多是通过战争西传的。元代初期，在西征中亚、波斯的交战中，阿拉伯人才知道包括火箭、毒火罐、火炮、震天雷在内的火药武器，进而掌握了火药的制造和使用。欧洲人又是在和阿拉伯的战争中，接触和学会了制造火药和火药武器的。英、法各国直到公元

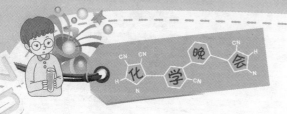

14世纪中期，才有应用火药和火药武器的记载。

相关知识链接

中国古代的四大发明

指南针、黑火药、造纸术、印刷术，四大发明是中华民族对世界文明的伟大贡献，是中国古代科学技术繁荣的标志和中国人民聪明智慧的体现，四大发明深刻影响了世界文明的进程。

指南针：指南针的发明是我国劳动人民，在长期的实践中对物体磁性认识的结果。由于生产劳动，人们接触了磁铁矿，开始了对磁性质的了解。人们首先发现了磁石引铁的性质。后来又发现了磁石的指向性。经过多方的实验和研究，终于发明了可以实用的指南针。指南针是用以判别方位的一种简单仪器。主要组成部分是一根装在轴上可以自由转动的磁针。磁针在地磁场作用下能保持在磁子午线的切线方向上。磁针的北极指向地理的南极，利用这一性能可以辨别方向。常用于航海、大地测量、旅行及军事等方面。

黑火药：是用硝石、硫黄和木炭这三种物质混和制成的，而当时人们都把这三种东西作为治病的药物，所以取名"火药"，意思是"着火的药"。自秦汉以后，炼丹家用硫黄、硝石等物炼丹，从偶然发生爆炸的现象中得到启示，再经过多次实践，找到了火药的配方。三国时有个聪明的技师马钧，

用纸包火药的方法做出了娱乐用的"爆仗"，开创了火药应用的先河。

造纸术：大约在三千五百多年前的商朝，我国就有了刻在龟甲和兽骨上的文字，称为甲骨文。到了春秋时，用竹片和木片替代龟甲和兽骨，称为竹简和木牍。甲骨和简牍都很笨重。西汉时在宫廷贵族中又用缣帛或绵纸写字。公元前2世纪西汉初期已经有了纸。东汉和帝元兴元年（公元105年），蔡伦在总结前人制造丝织品经验的基础上，发明了用树皮、破渔网、破布、麻头等作原料，制造成了适合书写的植物纤维纸，才使纸成为普遍使用的书写材料，被称为"蔡侯纸"。蔡伦只是改进造纸术，而不是纸的发明人。造纸术在7世纪经朝鲜传到日本。8世纪中叶传到阿拉伯联合酋长国。到12世纪，欧洲才仿效中国的方法开始设厂造纸。

印刷术：印刷术开始于隋朝的雕版印刷，雕版印刷是用刀在一块块木板上雕刻成凸出来的反写字，然后再上墨，印到纸上。每印一种新书，木板就得从头雕起，速度很慢。北宋刻字工人毕升在公元1004年至1048年间，用质细且带有粘性的胶泥，做成一个个四方形的长柱体，在上面刻上反写的单字，一个字一个印，放在土窑里用火烧硬，形成活字。然后按文章内容，将字依顺序排好，放在一个个铁框上做成印版，再在火上加热压平，就可以印刷了。印刷结束后把活字取下，下次还可再用。这种改进之后的印刷术叫做活板印刷术。后来，元代著名农学家与机械学家王桢发明了木活字，并创造出比较简捷的适于汉字复杂特点的转盘排字方法，后

来又发明了金属活字，使活字印刷得到了改进。唐代的雕刻印本传到日本，8世纪后期日本完成了木板《陀罗尼经》以后又传到朝鲜民主主义人民共和国、阿拉伯联合酋长国一带和东欧。15世纪，德国人学会了用合金铸字，从此毕升首创的活字印刷在欧洲各地推广开来。

第二幕 化学·小品

本幕相关
知识提醒

认识小品

　　小品，就是小的艺术品。广义的小品包涵很为广泛；狭义的小品泛指较短的关于说和演的艺术，它的基本要求是语言清晰，形态自然，能够充分理解和表现出各角色的性格特征和语言特征，小品有如下特点：

　　1. 在形式上，短小精悍，情节简单，都具有"戏剧"性或"喜剧"性。这是小品与其它艺术作品和艺术表现形式最基本的区别。小品属于"文化快餐"，它是一碟精美的"小菜"。

　　2. 幽默风趣，滑稽可笑。小品是"笑"的艺术。好的小品大多有足够的笑料，让人在笑声中受到启发，得到教益。

　　3. 雅俗共赏，题材广泛。小品反映的小题材、小事件源于基层和老百姓中间。人世冷暖、世间百态都是小品描写的对象，都可以通过小品这种形式在艺术上得到升华，在舞台上进行演出。

　　4. 贴近生活，角度新颖，语言精练，感染力强，这是小品创作的基本要求。只有贴近生活的作品，群众才喜闻乐见，才易于接受。源于生活，高于生活，适度夸张，事例典型，这是成功小品的要领。

　　5. 针砭时弊，内含哲理。透过表面现象，讽刺一些不合理的事物，揭示一定的哲理，寓教于乐。这既是小品的本意也是广大观众对它的基本要求。

　　如果说戏剧是社会生活的一幅画面或镜子，小品则是一幅漫画，是一个"哈哈镜"。它的特点是用

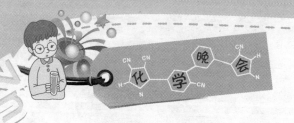

"笑"和夸张的语言反映事物、折射事物；如果说戏剧是以剧情和脚色的台词直接感染人，使人们受到正面教育的话，小品则既不属正面教育，也不属反面教育，它是用一种"启发式"的形象思维激活人的感官，使人们从笑中受到感悟。

火的晚会

剧中人物

赵钛——爱好化学的高中学生。

王镁——对科技活动有兴趣的初中学生。

场景布置

表演台上有一小桌，桌上放着有关"火的晚会"实验所需的仪器和药品。

幕启

赵钛正在把一张白纸用透明胶布粘贴到桌旁的黑板上。王镁上场。

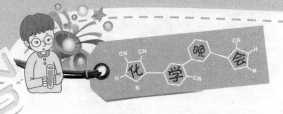

王镁：赵钛，你在干什么呀？

赵钛：王镁，我正想找你，你来得正好。我在准备一些到共青中学去参加晚会的节目，你有空来一起搞吗？

王镁：有空，作业早就做好了。自从新课程实施以后，回家作业少得多了。赵钛，你叫我来一起搞些什么呀？

赵钛：噢！你先不忙，你用喷筒向那张白纸上喷喷看。

表演　王镁随即拿起喷筒向白纸上喷去，白纸上逐渐出现红色的四个大字"火的晚会"。

王镁：这是什么原理？

赵钛：我只要告诉你，我是用酚酞溶液（取了实物）写好这几个字的。你一定就知道它的原理。

王镁：喔，我知道了。我这喷上去的大概是氢氧化钠溶液，因为只有碱性溶液跟酚酞作用才能显出红色，对不对？

赵钛：对，你说的完全对！

王镁：（指白纸上"火的晚会"）你就叫我帮你准备晚会的节目。那么，"火的晚会"究竟有那些节目？

赵钛：在没有准备以前，我先问问你，什么是"火"？

王镁："火"是弯弯的、红红的、会烫手的、抓不到的、可以用来取暖做饭的……

赵钛：你说的这些只是"火"的一些外貌和用途。你帮我一起准备晚会的节目以后，对"火"就会有一个全面客观的认识。现在我们先来准备一个"药水点火"的节目。很久以前使用的一种火柴，是在小木棒一端涂有氯酸钾、蔗糖和阿刺伯胶的混合物作为火柴头，阴干后，把这火柴头蘸一下

浓硫酸就着火了。现在我根据这个原理做个实验给你看看。

表演 预先把等量氯酸钾和蔗糖，分别研成粉末，再拌和，分三份放在三个坩埚里（埋在砂浴里，砂浴放在砖块上）。在坩埚里再分别依次加入少量镁粉、硝酸锶和氯化铜，并用玻璃棒搅拌一下。然后再用长滴管吸取浓硫酸顺序滴加在三个坩埚中，就可以看到坩埚里分别喷射出不同颜色的火焰。王镁正全神贯注地看着。

赵钛：这就是"药水点火"。坩埚里的东西就是刚才讲的火柴头上的氯酸钾和蔗糖的混合物。你看到了吗？火焰还有不同的颜色！因为我在滴浓硫酸前，在混合物里加了一些硝酸锶，就产生红色火焰，加了一些氯化铜，就产生绿色火焰，加了一些镁粉，就产生白亮光的火焰。国庆节放的彩色焰火，就是根据这个原理制造的，只是配制起来还要复杂些。

王镁：放焰火有危险吗？

赵钛：危险倒没有，不过总得要注意"火烛小心"。

王镁：喂！赵钛，你一说"火烛小心"，我倒想起曾经听说过的"天火烧"，这到底是怎么一回事啊？

赵钛："天火烧"完全是迷信！巧得很，共青中学的老师就要我准备这个节目去宣传破除迷信。现在我们就来做一个"天火烧"的实验。

表演 "自动起火"。赵钛用镊子夹住棉花，蘸取白磷的二硫化碳溶液在白纸上写一"火"字（白磷的二硫化碳溶液用过后一定要把瓶塞塞紧，同时把蘸取溶液的棉花团立即交后台人员烧毁），立即把白纸挂在悬空的铁丝上，片刻白纸燃

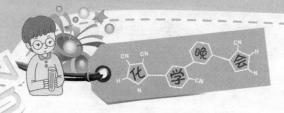

烧。同时把桌上已经准备好的自制灭火器，拿到手里，倒过来，向着火处喷去，把火扑灭。最后做好清洁工作。

自制灭火器 在吸滤瓶上配一橡皮塞，塞中穿铁丝并系一小瓶，小瓶内盛少量浓硫酸，吸滤瓶中盛小苏打溶液，使浓硫酸与小苏打不要混合，用时只需倒过即可。

王镁：为什么你写个"火"字，就会自动着火燃烧起来？棉花上你蘸的是什么溶液？

赵钛：这是把白磷溶解在二硫化碳里配成的溶液（出示实物）。当把这溶液写在纸上以后，二硫化碳就会很快地挥发掉，白磷就分散成很细很细的小颗粒，留在纸上，白磷着火点很低，很容易着火，分散以后的细小颗粒，更容易被空气里的氧气氧化而自动着火。像这类东西，决不能随意抛弃，否则就会造成事故。在农村或工厂里，有些可以燃烧的物质，像干的柴草，揩机器用过的破油布、油纱等等，如果堆在不通风的地方，就会被空气里的氧气氧化，产生的热越积越多而引起自动着火。因此，我们应该提高警惕，不要把一些容易燃烧的物质随便丢弃，尤其是在化学实验室、仓库等地方。你刚才说的"天火烧"，根本没有这回事，它就是有些物质放得不好而引起燃烧的，煤矿上的煤堆常出现冒烟现象，它也属于这种情况。王镁，你现在还相信"天火烧"吗？

王镁：经你这样一解释，我当然不相信了啊！不过有些人讲得很象，我又不懂，就搞不清楚了。我实在知道的太少了，今后一定要更多更好地学习科学知识。赵钛，你刚才把那个瓶子倒过来，瓶里喷出来的是什么东西，是不是水？

赵钛：（拿起自制灭火器）这是自制的小型灭火器。预先在吸滤瓶中放的是小苏打溶液，在小瓶里放的是浓硫酸，使两种液体不要混合在一起。可是当瓶子一倒过来，两种液体就混合在一起发生反应，马上产生大量的二氧化碳气体，瓶中压强突然增大，使含有二氧化碳气泡的液体从喷口射出来，我们知道，二氧化碳具有灭火的性质。

（放下自制灭火器，取出一具筒内没有药品的大型灭火器实物，一面拆卸，一面对比自制灭火器进行讲解。）

这是一般用的酸碱式灭火器，它的构造跟自制的差不多。你看：

（把拆卸后的灭火器给王镁和观众看）

王镁：那么碰到失火，只要把这种酸碱式灭火器倒过来，就能灭火，是不是？

赵钛：这不能一概而论。酸碱式灭火器可以扑灭一般物质的着火，但是油类着火，就不能用它。因为油比水轻，喷上去的水溶液会落到油下面，油仍在上面，火就不会扑灭。遇到油类着火，可以用泡沫式灭火器来扑灭它（取出泡沫灭火器实物）。你看，外表跟酸碱式灭火器差不多，可是里面用硫酸铝溶液代替了硫酸，在小苏打溶液里还加入了少量的泡沫剂，筒内的构造也有些不同。（取出一张挂图，照图讲解）。

你看是吗？当倒过来后，除了产生二氧化碳气体以外，还产生大量泡沫，这样喷出的液体和浓厚的泡沫浇在燃烧物上，可以隔绝空气，而且在蒸发时候，还可以降低温度，就这样很快使油火扑灭了。王镁，现在所有卡车上都带着一个

71

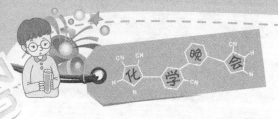

小钢筒（出示实物），那也是一种灭火器。使用时，打开活拴，靠筒内部的压强使液态二氧化碳喷出，落在烧着的东西上，很快就变成气体，也能使烧着的东西跟空气隔绝，同时由于蒸发而吸收了大量的热，降低了温度而把火扑灭了。使用这种液态二氧化碳灭火器来灭火，不会弄脏东西，一般可以用它来扑灭内燃机和电动机的着火。

王镁：还有其他种类的灭火器吗？

赵钛：有，（出示装有四氯化碳的玻璃灭火器，并摇动里面的液体。）这也是一种灭火器，里面装的不是水，而是一种叫四氯化碳的液体，它的沸点只有 76℃，很低，通常叫它灭火弹，碰到那里失火，就可掷到燃烧着的物质上，玻璃打破后，四氯化碳受热就升化为蒸气。这种蒸气比空气重五倍左右，把空气排开，使燃烧的东西与空气隔开，火就被扑灭了。也有把四氯化碳压装在特制金属筒里的，像上面讲的液体二氧化碳灭火器一样，使用起来也很方便，灭火效力很大。电线着火时，不能使用酸碱式灭火器或泡沫灭火器，如果用液体二氧化碳或四氯化碳灭火器，就没有触电的危险。王镁，灭火还有很多知识啊，譬如家中油锅着火了，那只要用锅盖一盖就可以灭火了，你知道这是什么道理吗？

王镁：听你给我讲了一些灭火知识，我想，把锅盖一盖，不就隔绝空气了吗？

赵钛：你想的很对。好，上面我们做了几个有关灭火的实验，都是用"水"来灭火的。可是关于火的知识还多着呢！你知道吗？有些物质碰到水还会着火呢！

王镁：水只能灭火，怎么碰到东西还会着火？

赵钛：我做个实验给你看看，好不好？

表演　预先在蒸发皿中放一颗绿豆大小的金属钾粒和少量乙醚（1～2毫米厚的的薄层），从茶杯里倒一些水到蒸发皿中，立即可以看到蒸发皿中发出火焰来。

赵钛：看，这是不是水能引起着火啊？

王镁：真奇怪！

赵钛：讲清楚了，也没有什么奇怪的。在蒸发皿中预先放了一颗金属钾粒（出示实物），再加一些乙醚，等到把水倒向蒸发皿中时，水立即与钠发生反应，产生的热量使生成的氢气燃烧，你要试一下吗？

王镁：好，我来试一下。（赵钛把金属钾放在蒸发皿中，又加入少量乙醚。王镁就向蒸发皿中倒进少量的水。）

赵钛：（待王镁实验以后，就向王镁提出问题。）如果知道着火地方有像钾一样的物质在那里，能不能用水或一般的灭火器来扑灭它？

王镁：当然不能。一定要用有液态二氧化碳或是四氯化碳的灭火器才行，否则就要用黄砂一类的东西来使着火的东西跟空气隔离。

赵钛：很对。王镁，你知道冰也能引火吗？

王镁：不知道，冰怎么能引火呢？

赵钛：（从后台取出盛有冰的玻璃小缸，放在桌沿上。）这里是冰。

王镁：让我看看。（随即伸手一摸，表示有冷的感觉。）

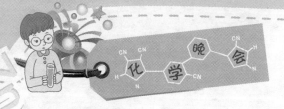

真是冰，真凉！

赵钛：那么，我来表演给你看。

表演　用燃着的木条接触冰，片刻冰面上出现火焰。

王镁：这是什么道理？

赵钛：因为我刚才在冰的中间放了一块电石，由于燃着的木条接触到了冰，使冰溶化成了水，水就跟电石接触发生反应而放出了可以燃烧的电石气（乙炔）。这气体遇到了火就燃烧起来。这就是"冰能引火"的道理。我们平时在烧木柴、烧煤、点燃蜡烛或者点燃煤油灯时发生的火焰，都是它们产生了可燃性气体燃烧时的现象。

我再做一个叫"遥空点火"的实验给你看看，来加强你对火焰的认识。

表演　在粗的红蜡烛的灯芯上，先用火柴点燃片刻，吹熄，立即用燃着的木条自上而下迎接着烛芯发出的白烟，烛芯又重新着火燃烧起来，可以反复试几次给观众看。

王镁：让我来试一下好吗？（王镁进行试验以后问赵钛）这又是什么道理？

赵钛：这是因为蜡烛燃烧着的时候，蜡烛上的蜡受热熔化成液体，再受热化成可燃性的气体，气体着火就发生火焰，所以所谓的"火"（火焰）就是可燃性气体燃烧时发生的现象。再试给你看，你看是不是？

表演　赵钛把一支玻璃管的一端斜插入红蜡烛的焰芯里，可以看见玻璃管的另一端产生大量白色浓烟，用燃着的木条去点，产生了火焰。

赵钛：还有一个叫做"汽油自动起火"的实验，刘我们来讲，更有实际意义。我给你表演一下。

表演　把棉花蘸取少量汽油，放在桌面用砖垫衬的玻璃片上，在棉花附近放一支约一寸高的蜡烛。同时点燃棉花和蜡烛后，就用烧杯罩灭棉花上的火焰，再取掉烧杯，片刻棉花又着火燃烧起来。

赵钛：这是不是可以叫"汽油自动着火"。你能解释一下吗？

王镁：我试试看。当一部分棉花上的汽油点燃以后，棉花热了，使另一部分汽油因受热而变成气体，这气体遇到火就燃烧起来了。这跟蜡烛燃烧的道理一样，也是产生可燃性气体着火燃烧。噢！我明白了，有时我经过汽车加油站，总看到有"禁止烟火"的几个大字。在油漆厂和有些化工厂的门口，也写着"不准带入火种"等标语，这是防止空气中有可燃性气体存在而会引起事故，对吗？

赵钛：对，你很会动脑筋。

王镁：我今天看到了许多实验，得到了很多知识，谢谢你。是不是就准备这些节目去表演？

赵钛：是，就是准备这些节目到共青中学去演出，请你就像刚才一样跟我合作，一起去演出，好吗？

王镁：行，我做你的助手，一同去。现在我们一起再来准备准备。

（王镁走向黑板处，把已显字的白纸取下，赵钛这时用镊子夹住棉花团蘸取酚酞溶液准备在另一张白纸上写字。表演

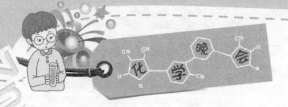

结束，幕渐落下。）

摘自《中学化学课外活动》第 1 集，上海教育出版社，1966 年 6 月第一版。

化学家之家

剧中人物

化学家——教授

邮 差——一心想发大财

金元素——观众

场景布置

化学家的家中。作客厅布置，客厅里摆放沙发、茶几、桌子各一张，茶几上有钢笔、墨水瓶（里面装的是新制的 $KMnO_4$ 固体与浓硫酸的混合物）、棉签、香烟、烟灰缸、无色透明的水壶（里面装的是真水）、杯子、筷子（实际上是玻璃管，外面包有黄纸，玻璃管两头分别塞有用脱脂棉包住的 $KMnO_4$ 固体和维生素 C 粉末）；桌子上摆放四盆花（花是用纸做的，上面已依次喷有酚酞、甲基橙、甲基红和刚果红溶液）、两只无色透明的喷雾器（分别装有稀酸、稀碱）、两只热水瓶（分别装有醋酸铅溶液和碘化钾溶液）。

幕启

化学家坐在沙发上看书，手里端着一杯水（实际上是酒精）。邮差拿着一封信（里面信纸上的字是用酚酞溶液写的，看不到字迹）从台左侧出，做敲门状。

邮差：请问冯教授在家吗？

化学家：在。（边看书边上前开门）

邮差：(谄笑)，您是冯教授吧，我是来给您送信的。

化学家：(摘下眼镜看邮差)，哦，谢谢。（戴上眼镜看信封，疑惑)，是谁写的呢？我看看。（拆开信封，打开信纸)

邮差：(惊疑)，噫，怎么是一张白纸呢？

化学家：(略作思考)，哦，我知道了。（对邮差)，请进来。（邮差走到舞台中央，化学家到桌子上拿碱式喷雾器，把

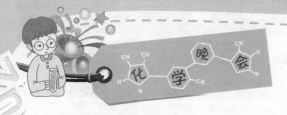

信纸给邮差），请给我拿着。（往白纸上喷水，显出几个字：生日快乐；落款：老友。），原来是老朋友给我开了个玩笑。

邮差：（惊奇），哎呀，真是神了，往白纸上喷水，就可以显出字来，这个冯教授真是名不虚传呀！（忽然想到），哎，冯教授这么神通广大，说不定可以点石成金呢，，要是我能够学到，那岂不是要发大财……，（转向冯），冯教授，您会点金术吗？

化学家：点金术？

邮差：就是把石头变成金子，把木头变成金子，把泥巴变成金子，把……

化学家：（打断），哦，你别急，你先坐下。你抽烟吗？

邮差：随便，随便。（拿起一支烟，摸口袋），没带火。

化学家：不要紧，我这儿有钢笔。

邮差：钢笔能点烟吗？

化学家：试一试吧。（先用棉签在自己的杯子里蘸点儿"水"，然后用钢笔蘸"墨水"点着棉签，最后把烟点着）

邮差：（惊奇），真点着了！（抽烟，咳嗽）

化学家：（倒一杯水，递给邮差），喝点水吧。

（邮差喝一口水，仍咳嗽）

化学家：哦，看来是支气管炎，得喝点甜的。（拿过杯子），来，我给你搅一搅。（拿起"筷子"，用装有 $KMnO_4$ 的一头在水中搅拌）

邮差：哎，变成果汁了。（拿过"筷子"），真神啊！还能变其它的吗？

化学家：能，你用它再搅一搅。

邮差：（换一头搅，"果汁"褪色），哦，又变成白开水了。（再换一头搅，变成咖啡色）

化学家：这是咖啡。

邮差：（捧着"筷子"，左看右看，夸张地），哎呀呀，真是个宝贝！哎，冯教授，您能将水变成饮料，那么您一定可以将石头变成金子吧？

化学家：不急不急，不急嘛。（拉邮差），来，我带你来欣赏一下我的花儿。

邮差：（有点不耐烦），不看啦，不看啦，我这人不喜欢拈花惹草的。我还是找块石头，看能不能把它点成金子！（用"筷子"作"点石"状）

化学家：（拉邮差到桌子跟前）你还是来看看吧，我的花可有点特别哟！

邮差：（看一看，闻一闻）跟普通花没什么不一样嘛！

花学家：这种花叫变色花。

邮差：怎么变？

化学家：你给它喷水，它就变色。

邮差：真的？

化学家：不信你试一试嘛。

（邮差拿起酸式喷雾器依次给花喷水，化学家在一旁相应地说出颜色的变化）

邮差：还能变吗？

化学家：能。你看吧。（拿起另一支喷雾器依次给花喷

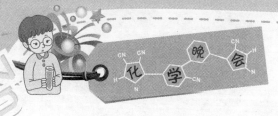
水，邮差在一旁相应地说出颜色的变化）

邮差：喔，是有点意思。不过这个花变来变去还是花嘛，花能值几个钱呢？再说养花也太辛苦了，哪里比得上点石成金呢。

化学家：这么说，你真想学会点石成金？

邮差：当然啦。（讨好，央求），您教教我吧！

化学家：点石成金我不会，不过我可以点"水"成金！

邮差：将水变成金子？

化学家：对呀！

邮差：（欣喜若狂），那太好了，比点石成金还好啊！（急切地），您快教我吧！

化学家：好。（将两只热水瓶里的"水"各倒出一些在一个杯子里混合，生成金黄色的碘化铅沉淀，混合之前作施法术状，嘴里念念有词，实际上是念：醋酸铅、碘化钾）

邮差：（看着水中的"金子"，有点不相信），真的是金子吗？

化学家：这样吧，我们请坐在台下的"金元素"自己来看看是不是金子。（"金元素"上台仔细观察水中的沉淀，说："是长得很像我，不过……"，化学家故意咳嗽一下，给"金元素"使个眼色，"金元素"心领神会，然后莫测高深地说："是真的就不假，是假的就不真"，化学家请"金元素"下台，对邮差说：你看，"金元素"都说了是真的，不是假的啦，你应该相信了吧？

邮差：（抱着杯子，激动不已，向化学家跪下），师傅请

受徒儿一拜！

化学家：起来起来。（故作神秘）其实呀，你只要对着两杯水各念一句咒语，就可以将它们变成金子。

邮差：怎么念？

化学家：第一句是：醋酸铅（邮差听成：出三千）；第二句是：碘化钾（邮差听成：电花轿）。

邮差：看来这花轿不用人抬着走，它是用电的，不过要出三千块，太贵了啊。

化学家：怎么样，试一次吧。

（邮差照做，果然也得到了"金子"）

邮差：（手舞足蹈），啊，啊，这下我可要发大财啦！（对化学家），谢谢师傅，谢谢师傅！

化学家：不要谢了，你可不要太高兴。其实呀，你手里拿的，并不是真金子。

邮差：（愕然）不是金子，那是什么？

化学家：我刚才教你的，只不过是一个化学魔术。（拿起杯子），这一杯是醋酸铅溶液，这一杯是碘化钾溶液，两者反应，生成金黄色的碘化铅沉淀。所以杯子里的物质不是金子而是碘化铅。

邮差：（失望地），这么说，前面的"水变饮料"、"变色花"都是化学魔术？

化学家：对！世上没有什么点金术，要想发财，得靠自己得辛勤劳动。

邮差：（夸张地）哎，我的梦想又破灭了！

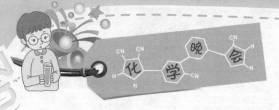

假戏真做

剧中人物

骗子——以铜锌合金冒充黄金骗人

都市女性——步入中年，但想留住青春；自以为有文化、素质高。

节目主持人—— 女性。

场景布置

街头一大树下。

幕启

骗子从表演台左侧出，都市女性从表演台右侧出。

骗子：（边唱边上台）"咱们老百姓，今儿个真高兴……"，（对观众）什么，问我为什么这么高兴？不瞒大家，最近本人赚了点钱，嘻嘻。问我是干哪一行的？如今这社会呀，干我这一行的人还真不少，有道是三百六十行，行行出状元，我在这一行算是出类拔萃的了，这不，不到半年，我脱贫致富了。其实呀，干我们这一行，关键在于四个字：坑、蒙、拐、骗。缺德？缺什么德呀？无毒不丈夫嘛！好啦，我不跟你们争啦，有人来啦！

都市女性：（作刚从市场出来之状）哎呀呀，这个市场真是糟糕透了！空气臭哄哄的，地下脏兮兮的，人也是傻呼呼的。到这种地方来，简直是降低我的身份！（突然尖叫）哎哟，我的鞋弄脏了，该死！（心痛地弯腰擦鞋，随手把纸巾一丢）哼！（傲慢地往前走）

骗子：（对观众）看来这是一个厉害角色嘛。什么？这种人不会上当？哼，看着吧，我自有办法。（挽裤脚，踏鞋跟，弄乱头发，装成乡下人，对妇女叫）大妈！大妈！

都市女性：（见周围没有其他人，疑惑地转身，见骗子仍叫，于是气愤地）谁是你大妈呀？你什么眼神啊你？乡下人，

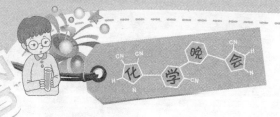

没教养！真是的。

骗子：对不起，阿姨。

都市女性：（气急）喂，你看清楚点，我哪点儿像你长辈啊？

骗子：那就叫大姐？

都市女性：（收腰挺胸，搔首弄姿）我显得比你大吗？

骗子：哦，我看出来了，您比我小，我得管您叫大妹子，要不，叫大侄女儿？

都市女性：（不耐烦）算了算了，我不管你怎么叫了，乡巴佬！别跟我接近，我问你，你叫我干什么？

骗子：（装作不好意思）大……妹子，我求您帮个忙。

都市女性：（戒备地后退一步）什么事儿？

骗子：是这样的，我是从一个贫困的山区来这里打工的，可是到这里两三个月了，还没有找到工作。我想回老家去，可现在我身上一分钱也没有了，哎……（蹲下，作痛苦状）

都市女性：（故意地）你是不是上有八十岁的老母，下有七八岁的儿子，老母亲瘫痪在床，儿子患有先天性心脏病，没有你，一家人就没有活路啊？

骗子：（站起）呃，你怎么知道的？

都市女性：（卟哧笑出来）别来这一套了，你这种把戏我可见多了。想骗我？你的骗术也太不高明了。哼！（转身欲走）

骗子：（急忙拉住）大妹子，我没有骗你，我说的都是实话啊。你借点钱让我回家，我回家后一定还你！哦，对了，

你给我留个地址吧（赶紧从包里拿出纸笔，同时把"金条"握在另一只手里）

都市女性：你再纠缠，我可要叫警察了！

骗子：大妹子，我求求您啦，您要是帮了我，我这一辈子都忘不了您的大恩大德啊。（下跪，顺势将"金条"丢在显眼的地方）您行行好吧！（边说边偷眼瞧妇女的反应。妇女见到"金条"，伸长脖子，眼睛瞪直了。骗子发现妇女在看着"金条"，赶紧捡起放进包里，双手捂住。妇女发现自己失态，马上清清嗓子，然后讨好地朝骗子笑。）

骗子：大妹子，既然你都看见了，我就实话跟你说了吧。这些金条（手指包）是我上次在建筑工地上挖土的时候挖出来的。在这里出手吧，我怕不保险，拿回老家吧，又没有路费。（装作下狠心似的拿出一根"金条"）这样吧，我用一根金条，跟你换点路费，怎么样？（将"金条"举在妇女面前，妇女急切地双手欲接，骗子缩回手）拿钱来啊！

都市女性：（急忙从手袋中拿出两百块）给！

骗子：（一把将钞票抓过来，作辨别真假状）不够啊。

都市女性：（又拿出一百块）够不够？

骗子：不够！

都市女性：喂，你家在哪里呀？

骗子：黑龙江！

都市女性：（惊讶）啊，那得要多少钱啊？

骗子：一千！

都市女性：（作犹豫状）这个嘛……

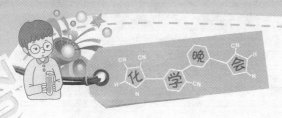

骗子：这一根金条，可就是二两啊。按市场价计算，你纯赚一万块啊！

都市女性：（翻手袋，数钱，着急）可我只剩下二百五了。

骗子：（手指妇女，对观众，讥讽地）充其量就是个二百五！（转向妇女）现金不够，首饰也可以嘛。（妇女下意识地捂住项链，骗子围着妇女转悠，上下打量）你这条项链，好像还值点钱吧。

都市女性：（犹豫）可这是我得结婚纪念礼物啊，（见骗子拿"金条"在眼前晃，终于下定决心，解下项链给骗子）这下够了吧？

骗子：（接过项链，掂掂分量，满意地）唔。（把"金条"给妇女）归你啦！

都市女性：（接过"金条"，喜不自胜，乐颠颠地边下场边说）真是天上掉下个大馅饼……

骗子：（对观众）那不是馅饼，是陷阱！（得意地）怎么样，看到了吧，轻轻松松一千块！（边整理衣服、头发，边说）其实啊，我们这一行，还有一个诀窍，叫做"找准人性的弱点"，不同的人有不同的弱点，你比如……，（这时主持人上场）哎，又有人来了，我得准备一下……

主持人：（边上场边说）行啦行啦，×××（演员名）同学，你就甭骗我了，你的节目快结束了。这样吧，我再给你一点时间，你给大家说说你的假金条是用什么做的，应该怎样辨别，好不好？

×××：好，假金条里 般含有铜的成分，我这根所谓的金条，实际上只是铜锌合金。我们可用硝酸银来鉴别，如果能够与硝酸银反应，溶液变蓝色，同时在"金条"的表面有银白色的物质生成，说明金条是假的。

主持人：好啦，谢谢 ××× 同学给我们上了生动的一课。

摘自 http://tieba.baidu.com/f？kz=95698107 作者：佚名。卜海霞搜集整理。

铁先生打官司

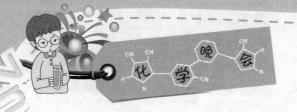

剧中人物

原　告——铁先生（Fe）

被　告——氧女士（O_2）、水女士（H_2O）

法　官——硅法官（Si）

陪审团——磷（P）、氢气（H_2）、铜（Cu）、金（Au）、钠（Na）、硫（S）、氮气（N_2）

证　人：铁锈（Fe_2O_3）

场景布置

台上摆放一课桌，桌上有惊堂木、文书等；法官坐桌子正中，背面墙上挂着"明镜高悬"的牌子；陪审团分坐在法官两旁，并呈"八"字状布局。

幕启

法庭上，法官和陪审团成员已入座，但陪审团成员相互交谈，声音较大。

硅法官：（拍惊堂木）大家安静，带原告和被告入场！

原告和被告从左侧被士兵带进台中，在士兵的指挥下，原告和被告分别坐桌前，凳子比陪审团所坐凳子低，且面侧向法官。

硅法官：现在请原告陈诉控词。

铁先生：亲爱的法官大人、陪审团：我的中文名叫铁，字母拼写为 Fe。纯净的我有银白色金属光泽，质地较软，有良好的延性、展性和导电、导热性能，熔、沸点高。正因为

我有如此多的优点。我被广泛的运用于工业生产与生活中。可是，可是，呜——那氧气、水妒忌我，便费尽心思让我身上长满了铁锈，害得我变成了废品，被人抛弃，呜——我要控告他们，就是那些氧气与水，告他们蓄意伤害我身体，呜——。

硅法官：请原告控制好自己的情绪。原告说自己被害，可否有证据。

铁先生：有，有，就是铁锈，就是他那个祸害。

硅法官：传铁锈上庭。

铁锈：亲爱的法官大人、陪审团。我叫三氧化二铁，俗称铁锈，是一种红色的固体，是铁在潮湿的空气中发生的缓慢氧化而生成的。

硅法官：如铁锈所说，氧气与水就是罪魁祸首。

氧女士：冤枉啊——法官大人，我冤枉啊——

硅法官：请被告陈述辩词。

氧女士：我叫氧气，字母拼写为 O_2，是一种常见的氧化剂。但生成铁锈也不是我一个的责任，他自己也有责任。铁他自己的性质不稳定，还比较活泼呢，在一定条件下，可以与多种非金属单质及某些化合物发生反应。我也是非金属单质，肯定也不例外。所以，要问罪，还是先问他自己。

硅法官：被告所说的也并非不无道理。铁，你还有什么解释。

铁先生：法官大人，你别听他胡说八道。我之所以被氧化，也是因为水他使我表面不干导致的。所以他才是提供作案条件的人。

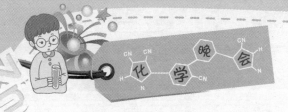

水女士：你少血口喷人，你——

硅法官：（拍惊堂木）肃静，肃静。请水稳定一下自己的情绪。水，你有何辩词。

水女士：法官大人，我是水，拼写为 H_2O。是一种最简单的氧化物。地层、大气中都有我的踪迹。我对整个世界非常重要。但铁自己不洁身自好，才会导致自己生锈。如果他涂一层保护膜，或通过化学反应使其表面形成致密的氧化膜，也不会沦落到这种地步。

硅法官：关于原告与被告的供词陪审团经过仔细的研究与审理。判决如下：铁被氧化导致生锈，是自己没有保护好自己，自食其果，与被告无关，所以被告无罪释放。

摘自 http://frwangxiaowei.blog.163.com/blog/static/10688882720
09102984240849/ 作者：佚名。卜海霞搜集整理。

阿凡提变黄金

剧中人物

阿凡提——聪明智慧的、穷人的朋友。

巴　依——贪得无厌的大财主。

穷　人——若干

场景布置

一个桌子，两把椅子。

用品准备

在两支试管中，分别加入 5 毫升 0.02M 硝酸铅 $[Pb(NO_3)_2]$ 溶液和 0.04M 碘化钾（KI）溶液，把两支试管在酒精灯上加热到接近沸腾，这时把碘化钾溶液倒入硝酸铅溶液中，用玻璃棒搅匀，把试管放到试管架上自然冷却，溶液里析出金黄色闪闪发光的碘化铅（PbI_2）晶体。把这支试管固定在铁架台上。另有一瓶硫化钠（Na_2S）溶液。

表演开始：阿凡提手拿装满仪器和药品的篮子，唱着歌从一侧上场。穷人从另一侧上场，碰上阿凡提互致问候。

幕启

阿凡提从台的左侧出，众穷人从台的右侧出。

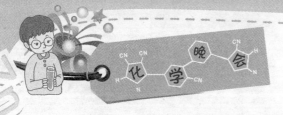

阿凡提：乡亲们，你们为啥愁眉不展？

穷人甲：去年我借巴依老爷一斗玉米，今年他要我还十石，可我一家人已有几天没米下锅了。

穷人乙：前不久，我借巴依老爷一个鸡蛋，昨天他要我还他一百只鸡，说蛋孵鸡，鸡生蛋，再不还就要把我家房子拿去作抵押。

穷人丙：巴依的恶狗咬伤我的腿，反要我拿十块金币给他的狗治牙疼，这是什么世道啊！

（后台呼唤：巴依老爷来了，快滚开！）

众穷人：阿凡提大哥，快给我们想想办法吧！

阿凡提和众穷人凑在一起，如此这般地比划着，众穷人连连点头，脸上露出笑容。

阿凡提摆开药品仪器，看着装晶体的试管。

巴依老爷挺起肚子，大摇大摆地走过来。

巴依：阿凡提，那里面装的是什么？

阿凡提：尊贵的巴依老爷，这里面装的是你最喜欢的东西——黄金。

巴依：你从那儿弄来的？

阿凡提：我周游了化学世界，安拉赐给我神水，多好的神水啊！

巴依：这是真的吗？你快做给我看看。

阿凡提拿起两支试管，分别加入硝酸铅溶液和碘化钾溶液，穷人甲点燃酒精灯。阿凡提把两支试管在酒精灯上加热

到接近沸腾，然后把碘化钾溶液倒入硝酸铅溶液中，边用玻璃棒搅拌，边口中念念有词。待试管冷却至常温时，放入冷水中，溶液里便有金黄色闪闪发光的晶体析出。

巴依：（贪婪地望着）阿凡提，把你的神水卖给我，我给你金币。（巴依说着便从钱袋里摸出几个硬币放在阿凡提面前。）

阿凡提：太少太少，不卖不卖！

巴依：（解下钱袋）全给你行吗?

阿凡提：（想了想，接过钱袋，把钱全分给众穷人。）好吧，巴依老爷，还有个条件，他们欠你的债全部勾销！

巴依：可以可以，一言为定

众穷人谢过阿凡提，高兴地走了。

阿凡提将硝酸铅溶液和硫化钠溶液拿给巴依，巴依喜笑颜开。

巴依拿着两支试管，分别加入硝酸铅溶液和硫化钠溶液，在酒精灯上加热后，把硫化钠溶液倒入硝酸铅溶液中，产生了大量黑色沉淀。

巴依：阿凡提，这是怎么回事?

阿凡提：老爷，这是因为你的心太黑了！

（表演结束，谢幕）

选自《化学课外活动》，重庆人民出版社，1984 年第一版。

第三幕 化学相声

本幕相关
知识提醒

关于相声

　　相声是一种民间说唱曲艺。主要采用口头方式表演。用诙谐的说话，尖酸、讥讽的嘲弄，以达到惹人"大笑捧腹"而娱人的目的。是扎根于民间、源于生活、又深受群众欢迎的曲艺表演艺术形式。

　　相声的分类：按演员人数可分为单口相声、对口相声和群口相声；按内容功能可分为讽刺型相声、歌颂型相声和娱乐型相声；按著作时代可分为传统相声（清末民初时期）、新相声（1949 年之后）和当代相声（1980 年之后）。

　　艺术特色：说、学、逗、唱是相声演员的四大基本功。说就是讲故事，还有说话和铺垫的方式。学就是模仿各种人物、方言和其他声音，学唱戏曲的名家名段，现代也有学唱歌，跳舞；逗就是制造笑料；唱就是经常被认为是唱戏，唱歌。

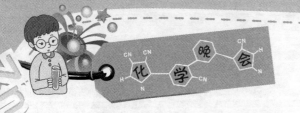

化学王国旅游记

乙：最近你到哪里去了？

甲：我随同原子团去了一趟化学王国。

乙：化学王国？

甲：对，在分子和原子的导游下。

乙：停！原子、分子是谁？

甲：他们是化学王国有名的导游，我们骑着砝码（马），来到分子式（市）。

乙：分子式（市）是什么地方？

甲：是化学王国的一个城市，来到分子式（市），我们就到硝酸钾（家）做客，主人小苏打热情地招待了我们，让我们吃了很多水果。

乙：都是什么水果？

甲：有电离（梨）、离子（荔枝）、酸性（酸杏）、中性（杏）、可燃性（杏）、氧化性（杏）、还原性（杏）。

乙：哪来这么多杏？

甲：我又喝了两杯催化剂，三杯指示剂，还有两杯悬浊液和乳浊液，最后，总算填饱了我的溶解度（肚）了。你看咱的相对分子质量大不大？

乙：你也不怕撑破肚皮啊？

甲：真是撑着我了，我吐了一水槽混合物。

乙：活该！

甲：晚上，我铺好床上的电（垫）了，盖好硫酸钡（被）。

乙：硫酸钡怎么盖？

甲：氯化钙（盖）啊！后来，我感觉灼热了，酒精灯（蹬）了硫酸钡（被），但又怕晶体受凉，只好又重过磷酸钙（盖）。

乙：真是瞎折腾。

甲：那一夜，我忘了关灯，结果亮了一夜喷灯。

乙：第二天，你干什么去了？

甲：我走进理发厅，进去想烫烫发，你猜服务员怎么说？

乙：怎么说？

甲：服务员一手拿蒸发皿，一手拿坩埚钳，发酵（笑）着说："这里不烫发只做挥发和蒸发。

乙：挥发和蒸发啊！

甲：后来，我们又到了化学方程式（市），我们登上铁架台，四处张望，啊！真是氧化镁（美）啊！

乙：看把你美的，你要唱什么呢？

甲：（以《热恋故乡》曲调唱）

化学王国真美丽，千变万化结晶水。

蓝色胆矾受热分解，镁燃烧生成氧化镁。

化学，化学，只要你能爱上她。

她会使你生活更美！

乙：真不错，那也带我去化学王国旅游一趟吧！

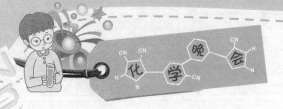

（表演结束，双双鞠躬下）

句句有"一"谈实验

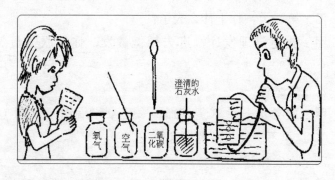

澄清的石灰水

氧气　空气　二氧化碳

甲：你的脑子快不快？

乙：这还用说，在座的，我第一。

甲：是啊？那咱对对话，每句话里都必须带同一个字，你行吗？

乙：哎呀，这你可找对人了，你说带什么字吧？

甲：咱就带这个"一"字你看怎样？

乙：没问题，咱从第一句话就开始！（语气中要特别突出"一"字，下同）。

甲：（握乙手，亲热地）猜得出来，你一定爱做化学

实验。

乙：嗯。这一点咱俩一样。

甲：那你能不能给大家谈一谈收获体会？

乙：哎呀，这么多实验，从哪一次谈起呢？

甲：你随便谈，哪次都成，不拘一格。

乙：我看还是你先谈，谈一个样子我也好学着谈。

甲：行。那我就抛砖引玉谈我的一得之功，一孔之见了。

乙：看你说的，你这种以十当一的谦虚精神真值得我很好地学习。

甲：我的第一个体会是：要做好实验首先要念好那一本正经。

乙：一本正经？

甲：啊。就是钻研课本，做好预习，把每个实验的目的、操作、注意事项都一一吃透。

乙：嗨，我还以为一边实验一边念经呢！

甲：到真做实验时还必须一心一意，一丝不苟。

乙：对。实验时可不能心猿意马，一心二用。

甲：谁若是不预习，一知半解就做实验……

乙：那就非一塌糊涂不可——我们俩跟"一"干上了！

甲：行！你脑子不慢，还真能跟我一唱一和。

乙：咳，只要不是一丘之貉就行。

甲：我们常用的化学仪器也与"一"有关。

乙：哪一种啊？

甲：最常用的就是那"一窍不通"（做抖动试管的动作）。

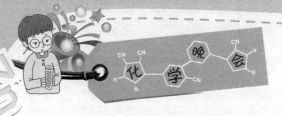

乙：咳，哪种仪器一窍不通啊？

甲：就是试管啊——上头开窍，下头不通，"一窍不通"（表演）。

乙：对了，那一头也通了，就甭盛药品了。

甲：我那回用它时就弄通了，而且一下通一个。

乙：（对观众）这他还一个劲"显摆"呢！（转对甲）那回你怎么用来着？

甲：制氢气，往里搁锌粒，我立着放，一撒手——就一个！全"透心凉"了。

乙：把底给砸下来啦？！你轻轻一溜不就行了吗？

甲：是啊，我一翻书才明白，敢情还得这么扬脖一溜呢（学溜放锌粒的动作）！

乙：谁叫你不一字一句预习来着！

甲：除了特殊情况，所有仪器在使用前都应是一干二净。

乙：对了，仪器干净，实验才能一帆风顺，一次成功。

甲：用完了，当然还要仔细刷洗，使它一尘不染。

乙：若水是一道道流下来的，你就得用去污粉再刷一次。

甲：对用来制气体的仪器，还得注意让它"一鼻子眼儿出气"。

乙：仪器怎么一鼻子眼儿出气呀？

甲：就是检查气密性，务必让它只从导管口那一个口出气！

乙：那是啊，要是八下里漏气制出的气体也都跑了，一点儿也收集不起来。

甲：对氢气这类可燃气休的实验还须注意，一定要使管口远离火源。

乙：嗯，它碰到火焰会一触即发嘛！

甲：需要点燃时可一定记住先用排水集气法，收集一试管检验纯度（以下加快说）。

乙：对这一条可千万不要忘记。

甲：氢气纯时点燃，只轻轻"噗"的一声。

乙：这时点燃，你一点儿不用害怕。

甲：若是"呼哨"一声，就是向你提出"不纯"的警告。

乙：这时你可一定不要去点！

甲：假如这时你一犯急（以下衔接要紧凑）。

乙：一马虎，

甲：一疏忽，

乙：一糊涂，

甲：用划着的火柴一接近，

乙：用点着的酒精灯一凑手，

甲：那就会一声巨响，

乙：一下炸开，

甲：一失手成千古恨了！

乙：出事故啦？！

（表演结束，双双鞠躬下）

摘自 http://tieba.baidu.com/f？kz=95698107 作者：佚名。马莉搜集整理。

火树银花

甲："火树银花不夜天，弟兄姊妹舞翩跹，歌声唱彻月儿圆。不是一人能领导，哪容百姓共骈阗？良宵盛会喜空前！"

乙：哦，你背的是柳亚子先生给毛主席的词吧。

甲：对啦，你的记忆力不错。不过，当我念起这首词时候，你有什么感想？

乙：它使我很自然的联想到，在那国庆之夜，在首都天安门广场上空，连续不断地爆发五彩缤纷、万紫千红的焰火来。这火树银花象征着祖国的繁荣，人民的幸福。我还想起了……。

甲：你还想起了什么？

乙：我还想到，这火树银花，这焰火真好看，它究竟是

怎么做成的呢？假如我也能做该多好啊！

甲：嗯，我会制造一些简单的焰火，咱们共同来做一做吧！

乙：好极啦。

甲：我做的第一种焰火叫蔗糖焰火，用蔗糖来做。

乙：蔗糖可以吃，还可以做焰火吗？

甲：它能制出各色的焰火来。我点焰火，不用火。

乙：那用什么呢？

甲：用新法——浓硫酸点火。你想看什么颜色的焰火呢？

乙：好，我把我想看的颜色告诉你——"哪个最先知春到，桃李花开草露苗。"

甲：啊！我晓得了，你说的是桃花红、李花白、草儿露苗是绿色。我就制作红、白、绿三种焰火吧！你看：把同样多的蔗糖（白糖）和氯酸钾分别放在研钵上研细，然后分成三等份放在三张纸上，再在这三份里分别加进硝酸锶、镁粉和硝酸钡，混和均匀，放到三个磁蒸发皿或者磁坩埚里，蒸发皿或坩埚放在三块砖上。就这样，简单地做好了准备。

乙：那只等点火啦？

甲：对，你拿一支移液管，吸取浓硫酸两毫升左右，先后滴在三个坩埚里，里面便会分别喷出红、白、绿三种焰火来。

乙：为什么蔗糖能做出焰火来呢？

甲：因为蔗糖是由碳、氢、氧三种元素组成的有机化合物，它具有可燃性．当浓硫酸滴下去，与氯酸钾起作用，生

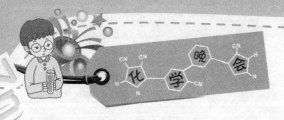
成了奇臭的二氧化氯气体，它具有极强的氧化能力，能使蔗糖猛烈燃烧，便产生了焰火。

乙：那么火焰颜色是怎样形成的呢?

甲：分别在里面添上硝酸锶、镁粉、硝酸钡，这三种药品是显色的物质。加硝酸锶产生红色的火焰，加镁粉产生白色的焰火，加硝酸钡产生绿色的焰火，金属可以燃烧，在焰色反应中便呈现出不同的瑰丽的颜色。

乙：你配制了三色焰火，很有趣味，但我还看得不过瘾，希望你多配几种看看。把我教会了，今后逢年过节也好学着玩玩。

甲：你这样欣赏我的表演，我只得有求必应了。你还要我配制哪几种焰火呢?

乙：我要你配制"六焰争辉"，除上面三种以外，还要配制黄、紫、蓝三色，但不要用硫酸点火，要用火柴或打火机点火。

甲：这个易得，我做成炮竹那样，一点便燃。如果暂时不点，还可以保存起来。

乙：那真太好了。

甲：那就看我做吧。首先，将硝酸钾、硝酸钠、硝酸锶、硝酸钡、氯酸钾、硫磺、木炭、蔗糖、三硫化二锑等化学药品磨细，分别用瓶子装好盖上，保存待用。

乙：如何配成红色焰火呢?

甲：用氯酸钾5份，硝酸锶16份，硫磺5份，木炭2份，按上面的比例配方，就是红色焰火。

乙：如果配成绿色焰火，用哪些药品呢？

甲：用氯酸钾6份，硝酸钡12份，硫酸3份，木炭1份。

乙：如果配成黄色焰火呢？

甲：用硝酸钾30份，硝酸钠5份，硫磺12份，木炭2份。

乙：紫色焰火呢？

甲：用氯酸钾7份，硝酸钾7份，硫酸5份，蔗糖2份。

乙：蓝色呢？

甲：硝酸钾9份，硫磺2份，三硫化二锑2份。

乙：白色呢？

甲：硝酸钾12份，硫磺3份，镁粉1份，木炭粉2份。

乙：各种颜色焰火的配方我都知道了，配好后，怎么做啊？

甲：把各色焰火所需要的药品按数量称量好，在纸上分别混匀，然后用纸卷紧，拿线捆好，挂在笔杆尖，点燃纸边，便放出焰火了。如果你做成纸筒，把药放在里面，用引线点火也行。你还可以自己去想很多的办法。我这里用简单办法做了六种焰火，就是你说的"六焰争辉"（开始点焰火）。

乙：啊！确实是绚丽多姿，美极了。看了你的精彩表演，我不由得要哼几句打油诗来：

今日我俩相逢，登台献丑一通。

六焰竞相吐艳，白绿黄紫蓝红。

宛如福星高照，又象天上彩虹。

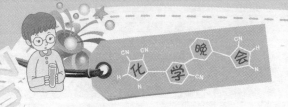

化学之花不败，科技巧夺天工。

甲：妙，妙。

（演出结束，双双鞠躬下）

摘自 http://tieba.baidu.com/f？kz=95698107 作者：佚名。马莉搜集整理。

氧气趣谈

甲：跟您请教一个问题。

乙：您太客气了，凡是我知道的……

甲：您说，要是不给您饭吃，您能活多少天？

乙：这叫什么问题呀？——我一天也活不了！

甲：您太谦虚了。

乙：我这是谦虚呀？谁不吃饭活得了哇？

甲：您就活得了！要死也得这数（伸五指示意）。

乙：五天？

甲：您还是谦虚！

乙：我这还谦虚啊？

甲：对了。像您这身体只要不断水，您准能打破饿五周才死的世界最高纪录。

乙：这还有世界纪录？

甲：当然有了。您不妨试试，说不定还能超过他呢！

乙：还留着你超吧，我这就饿得慌了。

甲：那您知道要是不喝水能活多长时间吗？

乙：那你给不给吃的？

甲：给。给巧克力饼干。

乙：给巧克力饼干？那没什么问题了，我最爱吃这种饼干了。喝水不喝水的，无所谓！

甲：无所谓？哼，告诉你，你顶多也就活这数（伸手张开五指示意）！

乙：五周？！

甲：五周呀？——你能活五天就不错了！

乙：得，这回省得我"谦虚"了。

甲：哎，没有水就没有生命嘛！

乙：是有这么句话。

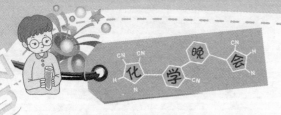

甲：还有比水更重要的呢！

乙：更重要？——什么呀？

甲：空气。——你知道你不喘气能活多久吗？

乙：活多久呀？，

甲：也这数（伸手张开五指示意）。

乙：哦，也是五天。

甲：五天呀，你早"臭而不可闻也"了（掩鼻示意）！

乙：都"味儿"了？那五小时？。

甲：五个钟头？那你早挺得笔杆条直的了（两手紧贴体侧，翻眼示意）。

乙：那五十分钟……

甲：五十分钟嘛……

乙：行了。

甲：你销户口去吧，活人没你这一号了。

乙：那多长时间啊？

甲：五分钟！一人缺氧超过五分钟就凶多吉少了！

乙：是啊。

甲：由此可见氧气有多么重要。氧气的氧原来的写法就是气字头下面一个养活的养字，就是说："氧气者，养人之气也！"

乙：他还转上了！

甲：据医学部门研究：人平时呼、吸一次的气量各约500毫升，氧气占100多毫升。每分钟按十六次算，每天需要空气11500升，氧气2300升才行呢。

乙：哎，氧气既然养人，那我买个氧气瓶，平常也好多

吸着点……

甲：吸纯氧？你要不行了吧？

乙：没有。我想像喝牛奶那样增加点营养，长快点。

甲：你要真这么办，可能死得快点。

乙：为什么？

甲：你没事老玩命吸纯氧，那就会使你体内氧化反应加剧，你就会头痛，头昏加恶心，眼花、耳响，不认人，脸色苍白出虚汗，浑身乱颤带抽筋（表演）！

乙：啊？那我还是吸空气吧，纯氧太厉害了。

甲：当然了。要不书上怎么会说"氧气是一种化学性质相当活跃的气体，它能跟许多物质发生氧化反应，发光放热"啦？

乙：嗯，是有这么一段。

甲：你没做碳在氧气中燃烧的实验…"红热木炭，剧烈燃烧，变为白热，温度极高。（抓起乙手抚摸）娇嫩小手，差点烧焦！"

乙：谁是娇嫩小手呀？

甲：硫在氧气中燃烧也是啊："燃硫入氧，燃烧变旺，火焰蓝紫，美丽漂亮。产生气体，可真够呛。"

乙：嗯，二氧化硫是挺刺鼻子的。

甲：红磷在氧气中燃烧也是啊："红磷燃烧，可真热闹，白烟滚滚，亮似灯泡"——还是磨砂灯泡呢！

乙：对，是挺像磨砂灯泡的，可惜就亮一会儿。

甲：铁丝在氧气中也能"剧烈燃烧，火星四射，劈啪作

响，放出高热。"连铁丝都烧没了。

乙：对，生成的四氧化三铁都化成小球儿了。

甲：大多数金属都能与氧反应，不能跟氧发生反应的金属只有银、铂、金。

乙：是啊，真金不怕火炼嘛——你怎么烧，金也不与氧化合。

甲：氧还能跟煤、石油、天然气、石蜡、乙炔和氢气发生反应，统统的都是放热反应。

乙：放出大大的热量——咱俩连中国话都不会说了。

甲：氧气的这些性质也就决定了它的用途。

乙：氧气能干嘛呀？

甲：首先是炼铁炼钢：富氧炼铁、纯氧炼钢，升高炉温，增加产量。

乙：嗯。

甲：本厂产品，保证质量，交货迅速，信守合同。

乙：代办托运，实行三包——他这儿做广告呢！

甲：还可以与乙炔形成氧炔焰进行气焊和气割。

乙：这很常见……

甲：像这桌子腿要是断了（用乙腿示意），一焊就焊上了。

乙：（推甲手）有穿裤子的桌子腿儿吗？

甲：（仍以乙比方，拦腰截断似的）像这么粗的钢锭只要加大氧气风门，一割就变成两截！

乙：把我的腰给斩了！

甲：最有意思的还是"液氧炸药爆破"技术。

乙：这技术怎么有意思呢？

甲：好玩呀！使用液氧炸药爆破技术来开山筑路，既可以省下军事炸药，又能保证施工者的安全。

乙：炸药还安全？怎么个用法儿啊？

甲：简单极了！你可以先用刨花锯末压成多孔的小棒棒，这炸不着你吧？

乙：嗨，木头棒儿炸什么呀？

甲：然后你再把跟卖冰棍的那种保温瓶差不多的杜瓦保温瓶借来。

乙：干嘛呀？让我上山上卖冰棍儿去？

甲：那你卖给谁去呀？——我是说在保温瓶里盛上液氧。

乙：好嘛，零下183℃，这可比冰棍凉多了！

甲：在你打好炮眼之后，就把那刨花棒浸在液氧里只这么一吸，这液氧炸药就算成了。

乙：哈，这么一吸的刨花棒就成炸药了。

甲：你再把它塞进炮眼儿里，接上导线，远远藏好，把手摇发电机一摇……

乙：就是发出电流引发它（凑近甲解释着）。

甲：(炸乙)"轰"！——就把顽石炸开了。

乙：好，我成顽石了！这么大爆炸力怎会安全呢？

甲：它爆炸力虽然很大，但如果因故障没炸的话，就并不会炸着你了。

乙：为什么呢？

甲：因为等你过一会儿再去检查时，它吸的液氧早蒸发

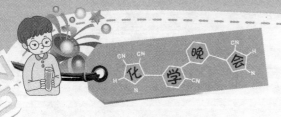

跑光了，就剩一根木头棒了。

乙：那还炸什么呀！

甲：特别有意思的是，如果你木棒不够了，不妨用压缩饼干吸液氧，做个饼干液氧炸药，照样能炸。

乙：炸药有了，可我就得饿一顿了。

甲：液氧还被用来做火箭、导弹推进剂中的氧化剂，推动宇宙飞船遨游天空，把各种弹头送到敌人头顶，来个空中开花（炸乙头状）！

乙：瞧我站这地方！

甲：还有就是供登山运动员、飞机驾驶员、宇宙航行员用（一个比一个高的示意表演）。

乙：（跟着瞧天空状）嗯，一个赛着一个高！

甲：也供给潜水员、潜艇将士呼吸用。

乙：又用到海底下去了。

甲：急救病人也用（示意将氧气管插入乙鼻）。

乙：哎……（拦甲）别救我呀，我没，没……

甲：（打岔）煤气中毒呀？（学医生）护士长，快把他推到高压氧舱去，给三个大气压氧气！

乙：哎……，给那么高压干吗？我没，没……

甲：（打岔）你煤气中毒，再不救就没治啦！

乙：你才煤气中毒呢！

（表演结束，双双鞠躬下）

摘自 http://tieba.baidu.com/f？kz=95698107 作者：佚名。马莉搜集整理。

巧记化合价

演员说明 甲是个子瘦高、自我感觉良好且时常用词不当的化学成绩优秀者。乙是身材矮胖、喜欢耍小聪明，但学习不专心、成绩较差者。

甲：哎呀，好久没见了，一向可好！（热情地上前握手）

乙：（没精打采，强装笑容）好，好！（对观众露出苦相）我好什么呀！

甲：看得出，你有什么心事？

乙：不是新事，是旧事，昨天的事。

甲：喔⋯⋯？别这样，有什么事情说出来我们帮你出出

主意!

乙：唉，别提了，丢人……

甲：没事，人非圣贤，焉能无过？俗话说得好："浪子回头金不换"嘛！

乙：(蹦起来)什么？你竟然说我是浪子？！

甲：别别别，别着急呀，(对观众)嘿，这家伙急性子!(对乙)算我说错了，行不行？

乙：我说历史上怎么有那么多冤假错案发生呢，原来都是被你这号人给闹的！

甲：我呀？好了好了，你就别太着急上火了！你倒是说说，到底是什么事？

乙：你真的愿意帮我？

甲：哥们的为人信不过吗？

乙：那好吧……你看，这是我昨天的化学作业……(递过本子)

甲：来，我瞧瞧……喔，哈哈哈哈，原来如此！

乙：人家都这样了，你还取笑人家！

甲：对不起，不是取笑你，而是笑这作业……

乙：这还不是一样？作业是我做的，笑作业不就是等于笑我吗？给人留点面子好不好？

甲：不是不是，我的意思是说，这是我今天遇到的第五个了！你看，把氯化钠写成二氯化钠（$NaCl_2$），把氯化银写成氯化二银（Ag_2Cl），把水写成氢一氧二（HO_2），把氨气写成氮一氢四（NH_4）……

乙：看来我并不孤独……

甲：好了，你幸亏遇上了我！帮人帮到底，我干脆把我看家的本领奉献给你和今天在场的诸位好了！

乙：那敢情好！快说说你有何宝贝？

甲：我先要给你诊断诊断。我问你，你为什么把水写成氢一氧二（HO_2）？

乙：我记得老师上课时讲氢气和氧气化合成水，氢是 H，氧是 O，那水的分子式不是氢一氧二（HO_2），就是氢二氧一（H_2O）。

甲：哦，你这是瞎蒙啊！

乙：到底是氢一氧二（HO_2），还是氢二氧一（H_2O）？

甲：当然是氢二氧一（H_2O）啦！你看，氢是正一价，氧是负二价，

乙：那应该是氢一氧二（HO_2）才对呀，氢一价，氧二价，氢一氧二（HO_2）嘛！

甲：我说你懂不懂化合价呀？

乙：懂，懂！不就是，不就是……（小心地）两元素化合时讲的价钱嘛？

甲：你还别说，他这个理解还有些道理，比教材上的概念通俗。好了，我就按你的思路来走。

乙：(有些得意)想不到我错有错招，又给蒙对了一回。

甲：我说你呀，学习可不能靠蒙，蒙对的机会是很少的。

乙：好好好，我知道，你继续给讲讲。

甲：看着啊！氢是一价，氧是二价，相当于说，每个氢

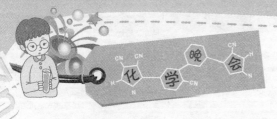

原子的价钱相当于一块钱，每个氧原子相当于两块钱。两个要"等价交换"，你说几个氢原子和一个氧原子价钱相等？

乙：当然是两个了。

甲：所以水的分子式就是氢二氧一（H$_2$O）。

乙：哦，原来是这样，看来分子式光靠记忆不行，老是记错！

甲：对了，首先要理解化合价和分子式的关系！

乙：好，这个我明白了。那氯化钠为什么不是二氯化钠（NaCl$_2$）？

甲：还是这个道理啊，我问你，钠是多少价？

乙：钠？大概、或者、也许是……二价吧？

甲：啊？我看、恐怕、不见得！

乙：那么就是一价？三价？五价？

甲：你还八价呢！

乙：要不就是八价？

甲：又开始蒙了！

乙：到底几价？

甲：正一价！

乙：我就说过一价嘛。

甲：哦，这一价是你说的呀？

乙：嘿嘿。

甲：氯多少价？

乙：这我可熟着呢，一大堆：什么 −1、+1、+3、+5、+7！

甲：呵呵，没想到氯的化合价你倒是记得熟！能够告诉我怎么记得这么熟吗？

乙：不瞒你说，那天我正在对着这个氯发愁哪，刚好看到电视里正在播摇滚：（边扭边唱）"富起来的老百姓呀，啊真，啊真，啊真啊真高兴"！

甲：好了好了，精彩！这跟氯的化合价有什么关系？

乙：我当时一高兴，一兴奋，一咬牙，一跺脚……

甲：怎么着？要跳高啊？

乙：我编了两句词儿，配着这个节奏，就把它给记住了！

甲：是吗？什么词儿？

乙：（边扭边唱）"倒霉的这个氯呀，它化合价真难记！有啥不好记？一一三五七！（边说边跺脚）啊负一正一正三正五七！"

甲：好嘛！吃奶的力气都使出来了！

乙：不管怎么样，我记住了！

甲：大伙要是都向他那样记化学，化学课就热闹了，改成摇滚乐团排练了！

乙：至于吗？！

甲：虽然氯有 -1、$+1$、$+3$、$+5$ 和 $+7$ 价，可在这里，它只能是负一价。

乙：我倒不明白，为什么这甲氯不能是正价呢？

甲：钠已经是 $+1$ 了，两个都正价，像话吗？

乙：为什么不像话？

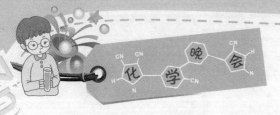

甲：打个比方吧，你看过拧螺丝吗？

乙：看过，一个是螺母，一个是螺杆，（比划）拿扳手这么着，丝丝入扣，就旋进去啦。

甲：如果两个都是螺杆，你能够把它们拧一块吗？

乙：当然不行。除非用绳子绑。

甲：用绳子干嘛呀！那正价负价就可以这样理解。

乙：这么一说我明白了，正价相当于螺杆儿，负价相当于螺母。你别说，还真是丝丝入扣。

甲：还是来看氯化钠吧。你明白怎么回事了吗？

乙：我再想想：钠正一价，氯负一价，正好一比一。没错，是一钠一氯（NaCl）。

甲：这就对了。再看硫化氢。知道硫的化合价吗？

乙：硫不就是那个硫磺吗，似乎是六价……糟糕，记不清楚了

甲：看来你的症结在于化合价记忆不牢。

乙：你知道，我最怕死记硬背……

甲：好了，我把我的秘密武器、看家本领、祖传秘方，化学秘籍……

乙：行了行了，你还是别卖关子了，痛痛快快直说吧！

甲：听着，这可是秘籍啊（耳语状）。

乙：行行好，大点声音，让大家都学点儿嘛！

甲：好了，那我可就"无私奉献"了！听好（清清嗓子）：
一价氟氯溴碘氢 还有金属钾钠银
二价氧钡钙镁锌 铝三硅四都固定

氯氮变价要注意 一二铜汞一三金
二四碳铅二三铁 二四六硫三五磷

乙：啊？打油诗啊！有点意思！

甲：打油诗？这可是秘籍！

乙：这就把常见化合价都给记下来啦？

甲：当然，八九不离十！比你那个霹雳摇滚记忆法可管用多了！

乙：劳驾你把这打油诗给解释解释，大伙也好记录下来！这第一句？

甲：一价氟氯溴碘氢 还有金属钾钠银

乙：（作记录状）嗯，这个我懂了，前面几个是负一价，后面几个是正一价。

甲：聪明！非金属一般显示负价，金属几乎都显示正价，这可是规律。

乙：那也就是说金属都用来作螺杆儿。

甲：这都是些什么呀！

乙：我这是说说笑话。第二句？

甲：二价氧钡钙镁锌 铝三硅四都固定

乙：（作记录状）这里除了氧之外，好像都是金属。

甲：上面基本上都是一些相对固定的化合价，"都固定"嘛。

乙：好了，我们也把它给固定在脑子里面吧。第三句？

甲：氯氮变价要注意 一二铜汞一三金

乙：（作记录状）好嘛，要注意了。看来这是难点。

甲：不错。刚才你还说过氯常见的有 -1、$+1$、$+3$、$+5$、

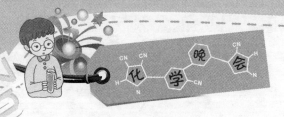

+7。注意没有，全是单数。

乙：对。氯氮变价要注意，那氮呢？

甲：氮就更怪了，−3、+1、+2、+3、+4、+5。什么价都有！

乙：这有什么奇怪的，谁家没有几个鸡蛋？

甲：是呀，都有鸡蛋，我看你最好别扯淡！

乙：怎么骂上了？一二铜汞一三金，不用解释，好懂。

甲：第四句：二四碳铅二三铁 二四六硫三五磷

乙：（作记录状）这里如何区分正负价？

甲：虽然碳是非金属元素，但是通常情况下都显示正价。这里的二四就是 +2 和 +4。铅和铁是金属，当然是……

乙：正价。

甲：对。二四六硫三五磷，硫和磷都是非金属…

乙：（打断甲的话）所以都是负价……

甲：错了！最低价是负价，其它都是正价。

乙：糟糕，还"变价要注意"呢，又没注意好。

甲：尤其是磷，有 −3、+3、+5 价。三五磷应该是三三五磷。

乙：呵呵，三山五岭呀？我这里还三山五岳呢。

甲：又扯一边去了！咱们现在回头再看看你的作业……硫化氢？

乙：知道了，硫化氢是氢二硫一（H_2S），不是氢一硫一（HS）。

甲：氯化银？

乙：嘿嘿，氯化银是一银一氯（AgCl），不是氯化二银（Ag₂Cl）。

甲：氨气？

乙：氨气是氮一氢三（NH₃），不是氮一氢四（NH₄）。

甲：全明白了？

乙：全明白了！

甲：秘籍都记住了吗？背一遍听听？

乙：行！（旁白）不就是一首打油诗吗？

一价氟氯溴碘氢　还有金属钾钠银

二价氧钡钙镁锌　铝三硅四都固定

氯氮变价要注意　一二铜汞一三金

二四碳铅二三铁　二四六硫三五磷

甲：嗯，不错。

乙：其实要是用我的念法保证更好听。

甲：是吗？用你那个摇滚？好，你给来来！

乙：看我的！（用摇滚语调念）

一价（是）氟氯（氟氯）溴碘氢

还有那个金属（金属）钾钠银

二价（有）氧钡（氧钡）钙镁锌

铝三（那个）硅四都（呀都）固定

氯氮（的）变价（可千万）要注意（呀）

一二（是）铜汞一三（是）金

二四（价的）碳铅二三（价的）铁

二四六（是）硫（磺）三（呀三）五磷！（体态造型）

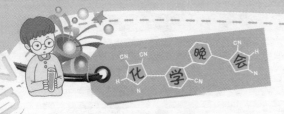

甲：哈哈，不错不错！（摸着乙的头，学乙的腔调）这个孩子的确挺呀挺聪明！

乙：嗨！你也不是什么大人呀！这就叫创造性！

甲：还有还有，最后有件非常重要的事情要向你和大伙交代。

乙：嚯，这么慎重？你说什么事吧。

甲：刚才那首打油诗可是我的秘密武器、看家本领、祖传秘方，武林秘籍，各位可千万给我保密呀！

乙：嗨，都这样了还保什么密呀！

（表演结束，双双鞠躬下）

摘自《农村青少年科学探究》2007 年 10 期。作者：任立强

化学汉字考

甲：相声是 门语言艺术。

乙：不错。

甲：说相声首先得精通语言学、文字学。

乙：是吗？

甲：实不相瞒，我在研究化学汉字方面还真有些心得哩。

乙：化学汉字？

甲：对，就是化学里常用到的元素名称，我知道它们的发音，以及成字含义的来历。

乙：你知道它们的来龙去脉？

甲：哎，你有什么不清楚的尽管提出来。

乙：那我问问氧气的"氧"怎么来的？

甲：这太简单了，氧气者乃养人之气也，气字头说明它通常是气体，里边羊字则是借羊之音，最早就是"养"字，叫养气。

乙：噢，那你说这氮气的"氮"字呢？

甲：这也好说：这气字头当然还指它是一种气体，里边的炎字则是"淡"字去水，取其在空气中把氧气给"冲淡了"的意思。

乙：嗯，有道理，那氢气的"氢"字呢？

甲：氢气者，极轻之气也。气字头下半个轻字，说明了它密度小这一特性。

乙：那氯气的"氯 "字呢？

甲：氯气者——

乙（合）：乃黄绿色之气体也。我也有点心得了！那氦、

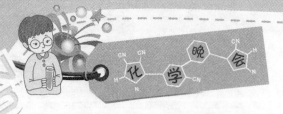

氖、氩、氪、氙气又怎么解释呢？

甲：这些气体名称就是译音了，它们都是稀有气体，所以都带气字头，里边大都以一简单中文标出译音，按意译出则分别为：太阳元素、新的、不活动的、隐藏的、生疏的意思，它们发现的都较晚。

乙：呵，这里边学问还真不少呢！这么说氟也是译音了？

甲：然也。它的原意来自阿拉伯文："流动"的意思。

乙：通常情况下呈气态的大致就这几种吧？

甲：对，液态的更少，只有非金属溴和金属汞。

乙：它们又是什么意思呢？

甲：溴，恶臭之水也，中文外语都是这意思。这臭可不是大粪的臭味可比的。

乙：对，呛人而有毒。红棕色，我见过它扩散时的现象。

甲：这汞嘛，工是其言，水表其态，俗名水银——水一般的银子，可又不是银子，符号好记：爱吃鸡（HG 的读音）。

乙：这位说着说着就馋了。我看咱还是按顺序说吧。

甲：怎么个顺序？

乙：按原子序数即核电荷数往下说：氢、氦、锂、铍、硼、碳、氮、氧、氟、氖、钠、镁、铝、硅、磷、硫、氯、氩、钾、钙……

甲：行了，行了，你甭背了。这些字的读音大多可用："秀才不识字，读音念半边"的法则去念它（从氢到氮

念一边)。

乙：可是其中的钠、铁、铅等并不读半边音啊。

甲：上边说的是大致规律，只可供糊涂秀才参考，明白秀才还得知道钠与缴纳的纳相近，念钠；溴念成"嗅"显得斯文，金、银、铜、铁、锡、铅等都是老老年间中国古有的字，一直沿用到今。

乙：我明白了。那么还有没有用其它方法造字的？

甲：有。有的元素是为了纪念发现者的祖国或故乡而命名的。如：钋，元素符号 Po，是英文波兰的开头字母，是居里夫人为纪念自己的祖国而命名的。有的元素是为了纪念某位科学家，以他的姓氏命名，如：锔——指居里夫妇，锿——指爱因斯坦，钔——指门捷列夫等，还有以星球命名的化学元素，以"神"名命名的化学元素，我就不一一举例了。

乙：现在我明白了元素名称的发音和成字的含义了，我也知道每种元素都有自己专用的符号

甲：只要你多读多写好好学，保你一定能学好。

乙：谢谢，为了打好化学基础，我一定要勤奋学习。

（表演结束，双双鞠躬下）

(摘自) http://www.docin.com/p-8614786.html 作者：佚名。马莉搜集整理。

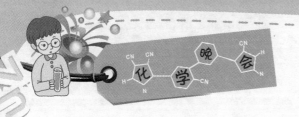

闲谈金属的脾气

乙：这几天没见你，干什么去了？

甲：正在忙着写一篇化学论文。

乙：真看不出你还有这两下子！

甲：（自满地……）是一篇关于金属"脾气"的论文。在论文里将详细地论述金属的"性格"、金属的"脾气"、金属的……

乙：（打断甲的发言）真新鲜，金属还会有脾气，有性格？难道它们也会和人一样，有脾气大的，有脾气小的？性格有温驯的，有暴躁的？

甲：这一点儿也不新鲜，金属和人一样，是有脾气的。不同的金属有不同的脾气、不同的性格。有的怕热，有的怕

冷；有的爱发火，好生气；有的性格暴躁，动不动就吹胡子瞪眼，和你一样缺乏教养。

乙：说我干吗？金属有脾气，这还是头一回听说，不过……

甲：（不满地接过话）不过什么，"虚心使人进步，骄傲使人落后"。你要是虚心一点，就一定学到不少有关金属脾气的知识。

乙：好！那我倒要领教领教。

甲：（慢条斯理地）有的金属，天生就有怕热的脾气，把它们放在手心中，过一会儿就熔化了。

乙：（不相信地）这可能吗？手上的热量能有多少，就这么点热量还能使金属熔化了？

甲：妙就妙在这里。铯和镓这两种金属熔解时对温度要求不高。铯的熔点是 28.5℃，镓的熔点是 29.8℃，都没有人的体温高，把它们放在手心里，当然很快就熔化。假如当时周围的气温再高一点，铯还会自动燃烧起来呢！

乙：（表示明白）真没想到，金属中还有这样怕热的家伙！

甲：有的金属又特别怕冷。

乙：（不相信地）没听说过，金属还会怕冷，难道像你一样，着点凉，就会感冒，咳嗽个没完！

甲：（有把握地，慢条斯理地）锡这种金属就特别怕冷。它受凉后会生一种比感冒还厉害的病，叫"锡疫"。好端端的一块锡，只要长期放在 13.2℃ 以下的地方，就会慢慢地变成

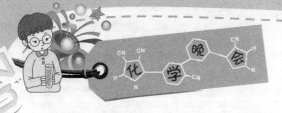

像煤灰一样的粉末。

乙：（吃惊地）好厉害呀，既然是瘟疫病，那就有传染性了！

甲：对！这回你还挺聪明！这种瘟疫不但会传染，而且越冷传得越快。

乙：（瞪大眼，点头）那谁还敢使用锡器，找这麻烦。

甲：所以现在纯锡制品不太多了。如果你们家有锡器，可别忘了在冬天要特别注意保护好，别让它挨冷受冻。

乙：（痛快地）好，谢谢提醒！

甲：有种金属特别轻，轻飘飘地……

乙：（急不可待地，打断发言，骄傲地）这个不用你说，我早就知道了。

甲：（惊异地）哦，原来你早就知道？

乙：（自信地）这连小孩都知道。谁不知道铝的密度最小，每立方厘米只有 2.7 克。正因为它的密度小，才用它来做飞机，人们早就叫它"有翼的金属了"。

甲：我说老同学，虚心使人进步……金属中锂的密度最小，每立方厘米只有 0.53 克，是铝的五分之一，水的一半，还能漂在煤油上。有人计算过，用锂做的飞机，只要两个人就能抬起来。

乙：（羞愧地低头）我知道的太少了。

甲：有种金属密度特别大，要拿起来可费劲了。

乙：（自信地、有把握地）这个不用你说，我也知道，水银的密度最大。前天，在化学实验室里，老师叫我把一小瓶

水银拿到实验台上，好家伙，可真沉呢！

甲：有点道理，但不完全对。水银的密度是不小，每立方厘米有 13.6 克，是铁的 1.7 倍，是铝的 5 倍，不过，比起最重的金属锇来，还差的远呢。

乙：（面向观众，指着甲）他还挺能咋唬。

甲：锇的密度每立方厘米是 22.5 克，比水银还重 1.65 倍呢。

乙：（醒悟地点头）真是个超重量级的家伙！

甲：有的金属可爱发火了，甚至还能把它们当火柴用呢。

乙：（讽刺地）这可真玄，点火不用火柴了，只要拿一根金属棒，往墙上、地上、桌上一擦就着了，这倒省事。

甲：瞧你那少见多怪劲儿，你用过打火机吗？

乙：用过。

甲：打火时，火星是怎么发出来的？

乙：这还不简单，打火机上有个小齿轮，一使劲，它磨擦了火石，火星就飞出来了。

甲：火石是什么东西？

乙：（摇头晃脑）石者，石头也，火石就是一种石头，反正火石和金属没有联系。

甲：我看，和你谈话，就好象"擀面杖吹火"。

乙：（不明白）这怎么说？

甲：你呀，"一窍不通"。告诉你，火石是用金属做的。

乙：（不相信）是吗？

甲：（耐心地）严格讲，火石是由铈和镧两种金属做的。

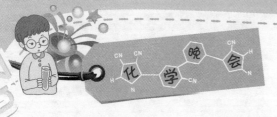

因为它们的着火点低，只要稍稍磨擦，火石就能飞出小火星。火星点燃了灯芯上的汽油，打火机就能用来点火了。

乙：（似有所悟）噢，原来是这么回事。这个爱发火的小东西，脾气还挺大的！

甲：有的金属能镀在玻璃上做镜子。

乙：（急不可耐地）那是水银。

甲：看看看，又不明白了吧，现代生活中根本就没有镀水银的镜子。

乙：不是水银你说又是什么？

甲：你把水银和金属银搞混淆了。不光是你，好多人都有这种错误的认识。其实，镜子是用银子镀在玻璃片上做成的。

乙：别蒙人啦，银子这么硬，难道还能像刷油漆似的，把银子刷到玻璃上去？

甲：当然不是刷上去，是利用一种叫"银镜反应"的化学反应把银镀上去的。只要用葡萄糖做还原剂，就能使硝酸银的氨溶液中的银析出来，沉积在玻璃上，这就成了平面镜。

乙：你可不能骗人！

甲：干吗要骗人啊，事实就是这样！

乙：你没有看见吗，镜子背面明明是红色的，难道还有红色的白银？

甲：红色的物质当然不是白银。那是保护银膜不致脱落而刷上去的火漆。

乙：（醒悟地点点头）噢，明白了！

甲：有的金属性格特别活泼。

乙：（不信地）它们还能蹦蹦跳跳？

甲：有的金属脾气特别暴躁。

乙：（怀疑）它们还能暴跳如雷？

甲：有的金属特别好生气。

乙：呀呀呀，越说越玄乎。

甲：钾和钠这两种金属就是性格活泼，脾气暴躁的哥儿俩。把钾和钠露置在空气中，它们马上就和空气中的氧化合，生成氧化物。一遇到水，又变得特别凶猛，可爱生气了，立刻放出大量的氢气。尤其是钾，在水中极不老实，活蹦乱跳的，甚至还会发火燃烧，以致爆炸。

乙：好大的脾气！

甲：所以，我们不能把钠和钾暴露在空气中，更不能让它们和水接触，要不然，后果严重，不堪设想。

乙：那只好把它们放到真空中去了。

甲：那倒不必，只要把它们保存在煤油或液体石蜡中，它们就非常老实，安分守己，也不生气了。

乙：真有意思。

甲：有种金属性格特别刚强，可以说是金属中的硬汉子，听说过吗？

乙：（很不满）你也太小看人了，这种小常识还值得问我！

甲：请谈谈。

乙：铁是最硬的金属，人们形容物质的坚硬程度，往往

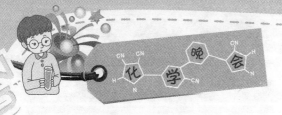

用"坚如钢铁"来比喻。

甲：（叹了口气，摇摇头）嗨，你呀你，告诉你吧，铬是最硬的金属。它的硬度仅次于硬度冠军——金刚石。

乙：（恍然大悟）噢，这又是头回听说。

甲：铬不光是硬，而且生性特别稳定。镀了铬的自行车把、钢圈，银光闪闪，不仅漂亮，而且还不生锈，能防锈。由铬做成的不锈钢，耐腐蚀本领更是惊人，凶猛的硫酸和硝酸对它也没有办法。

乙：那盐酸呢

甲：不锈钢就怕盐酸。铬能和盐酸作用，生成蓝色的二氯化铬，还放出氢气。所以它也怕海水，因为海水中的氯离子对它有腐蚀作用。因此用不锈钢设备来生产盐酸是不合适的。

乙：原来如此，不锈钢也不是万能的。

甲：有的金属还长"眼睛"呢。

乙：（睁大眼睛）眼睛？一眨眼一眨眼地多吓人哪！

甲：瞧你这大惊小怪的样子，铯和铷这两种金属具有优异的光电性能。它们只要一受到光的照射，就会受激发，放出电子，产生电流。光线越强，产生的光电流就越大。根据这个原理，就可以把它们做成自动控制中的眼睛——光电管。在自动控制设备中，在电影、电视、通讯、光度计中都要用到铯和铷。

乙：（谦虚地）原来这里面有这么多的学问，看来我太缺乏金属方面的知识了，大有必要去听听你的"谈谈金属的脾

气"学术论文研讨。

甲：不必客气，咱们互相学习，共同进步！

（表演结束，双双鞠躬下）

摘自《化学俱乐部》，上海教育出版社，1981年第一版。作者：田锡申

化学考试狂想曲

甲：（唱）留一半清醒留一半醉，至少梦里有你追随。我用青春赌明天，你用真情唤此生，……

乙：啊，看来这位考得不错，在这里尽情抒怀呢。

甲：（面对乙唱）你也不知我有多么的忧伤，何不潇洒走一回！

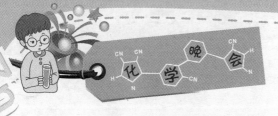

乙：忧伤？看来考得不怎么样。

甲：是啊，……敢问，你考了多少？

乙：一般一般，才93分。

甲：（险些栽倒）哎呀我的妈呀，93分？……（镇定一下）我也差不多。

乙：你也是93分？

甲：然也……不过，这两个数字得倒过来看。

乙：倒过来？63？

甲：（难为情）不不，是那个样子的倒过来……（比划）

乙：（小心翼翼地）该不是39吧？

甲：YE……YES。

乙：还YES呢，是够差的了。感情老师说的本次考试成绩最……的就是？

甲：YES。

乙：你就不用YES了。平时看你很用功的，怎么这次……？

甲：唉，别提了。想当初，我在初中的考试成绩一向是班上的前几名，中考我还得到了奖学金呢。没想到，上了高中以后，第一次化学测验就来了个倒数……（哭）我，我，我对不起父母，对不起老师，我不想活了……，呜——（欲跌倒）！

乙：（忙上前搀扶）别别别，男子汉大丈夫，这么点小事值得寻短见吗？想开点，没什么大不了的，不就是一次考试失利吗？分析一下原因，改进一下方法，迎头赶上，不就行

了吗？有什么困难，如果你瞧得起我，我可以帮你！

甲：（立即停止哭泣）真的？那太好了。请接受弟子一拜（行礼）！

乙：不敢当，不敢当！要拜，你还是拜化学老师去吧！

甲：那依你怎么办？

乙：我们是同班同学，彼此互相帮助，那是理所应该的嘛。

甲：互相帮助？

乙：对，互相帮助。

甲：行，今天的饭票算我的了。

乙：谁图你这个？别斤斤计较了，快说说考试情况吧，我也好帮你分析分析。

甲：你看，这第一题我就错的不明不白。

乙：说说你的思路。

甲：题目说，KBr 和 NaI 通入过量氯气，我想，发生了两个置换反应，对不对？

乙：对呀。

甲：生成了 KCl、NaCl 和溴、碘单质，对吧？

乙：是啊。可是加热蒸干……

甲：溴单质极易挥发，跑了！

乙：对，还有……

甲：所以，答案是 D：NaCl、KCl 和碘。

乙：错了！

甲：有什么错？

乙：这里还有个"灼烧"哪！碘有一个物理特性，你知

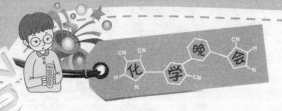

道吗？

甲：你是说，受热时升华？

乙：你不笨嘛。

甲：就是啊，原来碘这小子也走掉了，……明白了，只能选 C。糊涂，糊涂！

乙：留点神嘛。

甲：第二题，我觉得老师搞错了。

乙：何以见得？

甲：从氟到碘，是不是核电荷数增大？

乙：是啊。

甲：书上说得明明白白，从氟到碘，非金属性逐渐减弱，得电子能力逐渐减弱，对吧？

乙：没错。

甲：那么离子的还原性趋于减弱，有什么错？

乙：没错……不，错了！（旁白）差点让这家伙给蒙住了。

甲：为什么？

乙：你得首先搞清楚什么叫还原性？

甲：还原性就是，还原性就是……（默默背诵）失电子，价升高，被氧化，还原剂，还原剂具有氧化性……

乙：错了！

甲：没有啊，（小心翼翼）失电子、价升高；被氧化、还原剂；对吧？

乙：对。

甲：还原剂具有氧化性……

乙：错了。

甲：依你的意思，难道说，还原剂具有还原性？

乙：那我问你，你是人吗？

甲：废话，当然是啦！

乙：你有人性吗？

甲：(生气地举起拳头) 怎么，你想骂人还是怎么着？

乙：(急忙解释) 别别别！没那意思！看来你是承认"人具有人性"的啦！

甲：当然啦！不过承认又怎么样？

乙：人既然具有人性，难道你就不许还原剂具有还原性，偏偏强迫它具有氧化性？你坏不坏呀？

甲：就算你说得对，那离子的还原性趋于减弱，有什么错？

乙：我跟你这么说吧，卤素中氟气的氧化性最强，是吧？

甲：是，我们还做了一道课本习题，从四个方面来论证氟气最活泼呢。什么与氢气反应黑暗就爆炸啦，什么与水剧烈反应放出氧气啦，什么可以置换出其它卤素啦，还有能与稀有气体反应……反正够活泼的了。

乙：哇，记得挺全面的嘛。氟原子得到电子变成氟离子以后，是不是相当稳定？

甲：是。

乙：那么氟离子是不是难失去电子？

甲：是啊。

乙：这不就是化学老师常说的"强制弱原理"嘛？

甲：哦，记得，强氧化剂制备出弱氧化剂，本身被还原成弱的还原剂……

乙：理解能力不错嘛。到了碘单质，是不是得到电子的能力相对较弱？

甲：对。碘和铁反应的时候就只生成二价铁盐。

乙：换句话说，碘离子就比较容易被氧化成碘单质……

甲：是啊，我记得，碘可以被它前面的三种卤素所置换。

乙：既然碘离子容易被氧化成碘单质，也说明了它的还原性比较强。

甲："被氧化，还原剂，具有还原性"嘛。我明白了，如果单质的氧化性越强，它对应的阴离子还原性就越弱，对吗？

乙：正是这样。从氟到碘，其离子的还原性应该是？

甲：知道了，应该增强。哎呀，看来我的第三题也是罪有应得了。

乙：怎么？

甲：我把氧化性与还原性搞反了，曾经记得，老师说过，最高价只有氧化性，我搞成最高价没有氧化性了，所以选了个 A、C。亏了，亏了！

乙：吃一堑长一智嘛。

甲：第四题我始终不明白，为什么浓盐酸中滴加大量浓硫酸会产生氯化氢气体？

乙：什么是浓盐酸？

甲：知道，氯化氢的水溶液。

乙：不完全对，应该是氯化氢接近饱和的浓溶液。还记得浓盐酸的性质吗？

甲：好像是无色，有刺激性气味，容易挥发，在空气中冒白雾什么的吧。

乙：正是。浓硫酸为什么可以作为干燥剂呢？

甲：浓硫酸有吸水性嘛。

乙：当浓硫酸加到浓盐酸中，想象一下，一个要吸取水，一个要离开水，结果怎样？

甲：哎呀，当然是"正中下怀"啦！氯化氢趁机"溜之大吉"了。

乙：其实这也是一个制取氯化氢气体的方法。

甲：老师没讲，你怎么知道的？

乙：多看看课外书籍嘛。

甲：这样一说，我发现好像化学不难理解了。

乙：其实化学很有趣的，多联想一下，会发现许多乐趣。还有什么问题？

甲：像第六题这样的除杂质题目，我挺害怕。

乙：有什么好怕的？毛泽东同志说过，"困难不可怕，就怕你怕它。你怕它，它就可怕；你不怕它，它一点儿也不可怕。"

甲：真的？好，（攥紧乙的双拳）我不怕你！

乙：有劲别找我呀。我告诉你，除去杂质关键是"保护

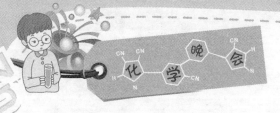

自己，消灭敌人。"

甲：怎么听起来像打仗一样的？

乙：那除去杂质的过程就像在敌人手中营救人质一样惊心动魄。

甲：对了，关键是把人质救出来。我最喜欢看这类片子了，像《生死时速》啦、……

乙：行了，我们还是先从氯化氢和水蒸气中把氯气救出来吧。你知道氯气为什么会落入氯化氢和水蒸气两个"强盗"的手中的吗？

甲：我想，在制取氯气的时候要加热，浓盐酸挥发，生成的水受热也会挥发。

乙：反应挺快呀！要是你不小心，一炮打过去，敌人死了，人质也死了，请问，你的作战水平怎么样？

甲：那还叫"水平"呀？太臭了。

乙：我看看你的试卷……你选的是 C、固体氢氧化钠呀。

甲：是呀，（得意地）我这可是一箭双雕，符合你的"一石三鸟"之原则：固体氢氧化钠既是干燥剂，能除掉水蒸气；又是强碱，可以除去 HCl。可惜了，如此高明的方案竟然被可恶的化学老师扣分！

乙：高明是高明，可你想过氯气的遭遇吗？此时此刻，可怜的氯气已经被你的氢氧化钠几乎全部消灭了！与你的"残忍"比起来，化学老师的扣分算得上"可恶"吗？

甲：什么？氢氧化钠消灭氯气……哎呀妈呀，这不是除去氯气尾气的反应吗？！该死！

乙：看来，营救人质的电影你是白看了。

甲：没想到营救人质的电影中还有化学原理呢。

乙：你呀，多长点心眼吧。

甲：选择题还有三道题目不懂。

乙：没关系，我的选择题全对，保证完满解决。

甲：第九题，根据反应式，每 4 个分子的 HCl 可以生成 1 个分子的氯气，也就是说 146 份质量的 HCl 可以生成 71 份质量的氯气。现在要制取 7.1 克氯气，应该需要 14.6 克氯化氢才对，答案理所当然是 A。可是……

乙："可恶的化学老师"又给你扣分了不是？

甲：然也。

乙：你看清楚点，题目上写的是"被氧化的盐酸"！

甲：这里盐酸当然是被氧化的了，那不是一样吗？

乙：看来你对"部分氧化还原反应"的知识就像是那"一只试管"……

甲：怎么讲？

乙：上面开"一窍"，下面底"不通"！

甲：嘿嘿，你是说我"一窍不通"啊！要不怎么老被扣分呢。

乙：看明白了：4 个分子的盐酸中，有几个氯离子变成了氯气？

甲：（仔细看方程式）1 个氯分子有 2 个氯原子……2 个。

乙：还有 2 个氯离子呢？

甲：变成了二氯化锰。

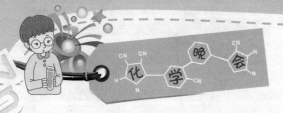

乙：变成二氯化锰的氯元素化合价改变了吗？

甲：没有。

乙：那么，是不是 4 个分子都被氧化了？

甲：不……不是。

乙：4 个 HCl 分子中有几个被氧化？

甲：2 个。

乙：（强调）2 个！ 4 个分子中只有 2 个分子被氧化。也就是说，参加反应的盐酸中只有一半被氧化，是吗？

甲：对，对。

乙：那么，换算成质量呢？ 14.6 克参加反应，被氧化的有多少？

甲：只有一半，也就是 7.3 克被氧化。

乙：就是嘛！

甲：服了，服了。那么，第十题我敢打赌我没错。

乙：先别打赌，一赌你准输。说说理由吧。

甲：做喷泉实验的失败原因，这是我们课本上的习题。一是烧瓶潮湿，二是气密性不好，对不对？

乙：对呀。

甲：我就是这样选的，可……

合："可化学老师又扣分了。"

乙：早知道是这句。你仔细看看题目。慢慢读一遍！

甲：（一字一顿地）做氯化氢喷泉实验，没有看到喷泉现象，没错吧？ （加快速度）失败的原因可能是……

乙：打住！ 最后一句再念一遍！

甲：失败的原因…不…不…不可能是？……哎呀妈呀！

乙：怎么样？自己不看清题目，就随便下结论！

甲：这化学老师怎么搞的，尽捉弄人！

乙：这就是考察你的心理素质是否好，语文水平是否高，读题是否认真仔细！

甲：不是考化学吗？怎么连这也考？

乙：老师不是常说，要培养素质，就要具有多方面的能力吗？

甲：哎哟，看来我在初中形成的一套学习方法不适用了。

乙：能否尽快地适应高中的教学，是决定你能否继续进步的重要因素。

甲：我现在明白这个道理了。还有一个要命的题目……

乙：要命？没那么严重吧？！

甲：老师明明说，利用有机溶剂可以萃取碘和溴，我问你，有机溶剂包不包括酒精？

乙：包括。

甲：碘和溴在酒精中的溶解度是否大于水中？

乙：当然。可是……

甲：（理直气壮地）那酒精当然可以作为萃取剂啦！

乙：（更大声地）错！

甲：（吓了一跳，小心地）为什么？

乙：请背诵一遍萃取的定义！

甲：没问题，熟着呢："利用溶质在互不相溶的溶剂中的溶解度的不同……"

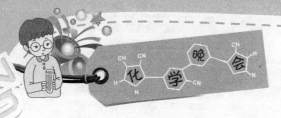

乙：停！"互不"什么？

甲：互不相溶啊。

乙：酒精与水互不相溶吗？

甲：这个……低声咕噜几句。

乙：喂，大点声！

甲：没了，没了。我明白了。酒精和水能够混溶，所以不能用于萃取。

乙：以后学习的时候，要全面地把握知识，不能断章取义。

甲：哎，是是。

乙：时间不早了，今天……

甲：（知趣地）耽误你的时间真不好意思。我请你吃饭，如何？

乙：免了，免了，你还是赶快更正后面的内容吧。

甲：那我就给你献上一首歌：（唱）昏睡百年，国人渐已醒！

合：（唱）啊……

甲：（鼓掌）

乙：（学歌星谢幕状，用广东普通话）谢谢，谢谢！

甲：嗨！得了，吃饭去吧你！

（表演结束，双双鞠躬下）

摘自 http：//www.docin.com/p-55911858.html 作者：潘华东。

化学实验中的"三"

（甲和乙同学在参加全国中学化学实验竞赛中认识）

乙：张三同学，祝贺你在这次全国化学实验竞赛中荣获三项一等奖！

甲：谢谢谢谢！同贺同贺！（相互握手）。

乙：请问你来自哪个地方？

甲：我来自东三省，南三市，西三县，北三镇，家住中三村。有机会请你到我们哪里作客！

乙：怎么找你？

甲：我在县第三中学初三班就读，在三号教学楼的三层三十三号教室上课，我的坐位是三排三号。

乙：朋友啊朋友，我越听越感觉你怎么与"三"感情深啊？

甲：哈哈，三是个吉祥数字啊，常言道，"天有三光日月星，地有三灵山水人"嘛。现在我们要分别了，我告诉你个

有关"三"的秘密吧！

乙：什么秘密？快说给我听啊！

甲：实话告诉你，我这次之所以能取得竞赛的好成绩，与我总结出化学实验中的"三"有很大关系呢！

乙：化学实验中还有"三"？

甲：是啊，我告诉你吧，化学实验有三个过程：一是实验前清楚原理，熟知步骤；二是实验中仔细观察，认真思考；三是实验后认真归纳，全面总结。

乙：对做实验这三个过程我们必须清楚。

甲：再比如说药品的取用有"三不"原则：一是不能用手接触药品；二是不要把鼻孔凑到容器口去闻药品的气味（特别是气体）；三是不得尝任何药品的味道。剩余药品的处理 也有"三不"；一是不能放回原瓶；二是不要随意丢弃；三是不准拿出实验室。

乙：实验中这些原则我们应该记住。

甲：还有，实验操作也有很值得注意的"三"。就说酒精灯吧，它的使用要注意"三不"：一是不可向燃着的酒精灯内添加酒精；二是不可用燃着的酒精灯直接点燃另一盏酒精灯，要用火柴从侧面点燃酒精灯；三是熄灭酒精灯要用灯帽盖熄，不可吹熄。酒精灯的火焰分为三层，即一是外焰、二是内焰、三是焰心，酒精灯的外焰温度最高。

乙：这一点不错！

甲：再说过滤操作吧，要注意三个方面："一贴"即滤纸紧贴漏斗的内壁 ；"二低"是滤纸的边缘低于漏斗口，漏斗内的液面低于滤纸的边缘，"三靠"是漏斗下端的管口紧靠烧

杯内壁，用玻璃棒引流时，玻璃棒下端轻靠在二层滤纸的一边，用玻璃棒引流时，烧杯尖嘴紧靠玻璃棒中部。

乙：实验操作的"一贴二低三靠"我们化学老师讲过。

甲：再说量筒的使用吧，也有"三个不能"。

乙：哪三个不能？

甲：一是不能加热或量取过热的液体；二是不能作反应容器；三是不能用来配置溶液。

乙：经你一讲，我大大的明白。

甲：滴管的使用也有"三个不要"。

乙：哪三个不要？

甲：一是取液后的滴管不要平放或倒置；二是不要把滴管放在实验台或其他地方；三是不要用未经清洗的滴管再吸取别的试剂。

乙：你总结的真好！

甲：托盘天平的使用也有"三个不能"。

乙：又是哪三个不能？

甲：一不能用未经调零的天平称量药品；二不能把被称量的药品直接放在托盘上；三不能将药品放在右盘，砝码放在左盘。

乙：明白明白。

甲：给试管中的液体加热也"三个不要"。

乙：又是哪三个不要啊？

甲：不要将所加液体超过试管容积的三分之一；不要将试管竖直向上固定在试管底部加热；不要将试管口对着自己或别人。

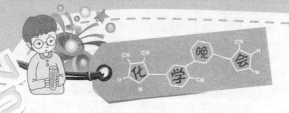

乙：这三个不要至关重要！

甲：用蒸发皿蒸发液体时也有"三个不要"。

乙：这个我知道，一是蒸发皿中的液体体积不要超过容积的三分之一；二是不要用手直接去拿热的蒸发皿；三是不要把未经冷却的蒸发皿直接放在实验台上。对不对？

甲：完全正确。那我问你，实验室中要求有"三通"，你说哪三通？

乙：电通，上下水通，排气通。

甲：回答正确，加十分！我再问你，实验室中常说的"三废"……

乙：（抢答）这个同学们都知道，实验室中的"三废"说的是废液、废渣和废气，是不是？

甲：一点不错！现在我再来说说实验现象描述应注意的"三个要"。

乙：哪三个要？

甲：一要顺序合理：如"铁丝在氧气中燃烧"的实验现象不能描述成"剧烈燃烧，生成一种黑色固体物质，放出热量，火星四射"，而应是"剧烈燃烧，火星四射，放出热量，生成一种黑色固体物质"。因为我们首先观察到的是"剧烈燃烧，火星四射"，最后才发现"生成一种黑色固体物质"；二要用语准确：如磷燃烧后产生浓厚的"白烟"（五氧化二磷固体小颗粒）而不能表述为"白雾"；而浓盐酸露置在空气中会产生"白雾"（盐酸小液滴），就不能表述为"白烟"。又如：氢气还原氧化铜的实验现象应描述为"黑色粉末逐渐变为光亮的红色，同时在试管口和试管内壁上有无色液滴生成"，而

不能表述为"黑色的氧化铜变成了红色的铜，在试管口和试管壁上有水珠生成"，在表述现象时夹带生成物的名称。再如在表述某实验现象时用"看到有无色无味的气体生成"这句话就很不妥当，因为无色无味的气体是不可能直接"看到"的，用词不当。要三表述全面：如描述"石灰石和盐酸反应"时，明显的实验现象是"有大量气泡生成"，但仅表述这一点是不全面的，还需注意："不仅有大量气泡产生，而且石灰石也在不断的溶解"。

乙：这"三个要"对培养学生正确描述化学实验现象很有帮助。

甲：最后我再说说实验探究中的"三个关注"。

乙：洗耳恭听。

甲：在实验探究中，一要关注物质的性质，如颜色、气味、状态、硬度、密度、熔点、沸点等；二要关注物质的变化，如反应前后的形态变化等；三要关注物质的变化过程及其现象，如发光、放热、有气体生成等。

乙：能否举个例子？

甲：如对蜡烛燃烧的探究，我们要关注三个方面：一是点燃前：蜡烛是由石蜡和棉线烛芯组成的，普通蜡烛为圆柱形固体，乳白色（特殊用途的蜡烛因加入配料而制成不同颜色，不同形状），手感滑腻，有轻微气味，质地较柔软，难溶于水，密度比水小。二是燃烧时：点燃的蜡烛可以持续燃烧，蜡烛缓慢变短。燃着的蜡烛顶部受热熔化而形成一个凹槽，熔化后的液态石蜡贮于凹槽中，如果吹动蜡烛或受热不均匀，贮于凹槽中的液体会沿烛体流下，遇冷逐渐凝固附着在烛体

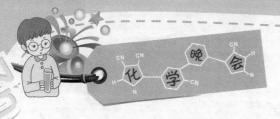

上。蜡烛的火焰分外焰、内焰、焰心三层，外焰与空气充分接触，温度最高。蜡烛燃烧时，用干冷的烧杯罩在火焰上方，发现烧杯内壁有水雾出现，取下烧杯，迅速倒入少量澄清石灰水，振荡，澄清石灰水变浑浊，说明蜡烛燃烧后有水和二氧化碳生成。三是熄灭后：蜡烛刚熄灭时，有一缕白烟从烛芯飘出，点燃白烟，火焰会顺着白烟将蜡烛重新点燃。

乙：好同学，你真行，我要向你学习善于归纳总结的学习方法，争取学好化学知识。

甲：相互学习（再次握手）！

甲、乙共同：让我们在明年全国化学实验竞赛中共同获得好成绩！

（表演结束，双双鞠躬下）

化学实验中的"十大关系"

奇妙的化学世界——任我们遨游

乙：最近你在忙什么呀？

甲：我在学习毛泽东同志的著作《论十大关系》。

乙：看不出来，要用马列主义、毛泽东思想武装自己的头脑啊。

甲：是啊，通过学习毛泽东同志的《论十大关系》，我受到启发，也总结出了咱们化学实验中的"十大关系"。

乙：啊？哪你还真是活学活用啊！

甲：你想不想听听？我给你讲解讲解！

乙：愿听高见！不过可不要胡编乱造噢！

甲：仔细听着，我总结出实验中的第一大关系是先与后的关系。

乙：哈哈，还先与后呢，先进总比落后好吧，说来听听！

甲：制取气体时，先检查装置的气密性，后装入药品。检查装置的气密性，应先将导管插入水中，后用手掌紧贴容器的外壁。加药品时应先放固体，后加液体。

乙：有道理。

甲：排水法收集满气体后，拆除装置时，先把导气管移出液面，后熄灭火源。用氢气、一氧化碳等还原金属氧化物时应先通气后点燃酒精灯。停止实验时应先熄灯，后停止通气。

乙：真有道理！

甲：点燃可燃性气体应先检验纯度，纯后才点燃。除杂质气体时，一般先除有毒气体，后除其它气体，最后除水蒸气。

乙：不错！

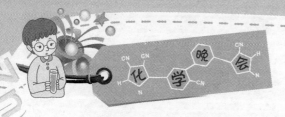

甲：给试管中的物质加热，应先给整个试管预热，后集中火力加热装有药品的部位。如果浓硫酸不慎沾在皮肤上，应先迅速用布或纸拭去，然后用大量水冲洗，最后涂上质量分数约为百分之三的小苏打溶液。

乙：不错不错！

甲：取用块状药品或密度较大的金属颗粒放入玻璃容器中，应先把容器横放，后把块状药品或金属颗粒放入容器口以后，再把容器慢慢地竖立起来。

乙：不错不错真不错！

甲：用托盘天平称量物质，应先调整零点，后称量；称量时，应先在两个托盘上各放一张大小相同的同种纸，后把要称量的药品放在纸上称量；加砝码时，应先加质量大的砝码，后加质量小的砝码；称量完后，先把砝码放回盒中，后把游码移回零处。

乙：一点不错！

甲：过滤操作时，应先让上层澄清溶液过滤，后才把沉淀倒入过滤器。

乙：果然如此。

甲：现在我再来说第二大关系

乙：第二大关系是什么？

甲：浓与稀的关系。

乙：咱俩的友谊血浓于水，哈哈，哪我就要仔细听听喽！

甲：制氢气时，要用锌粒和稀盐酸或稀硫酸反应。制氯气时用浓盐酸和二氧化锰共热。制二氧化碳气体时，用稀盐

酸与大理石反应。制氯化氢气体时，用浓硫酸与食盐共热。制硫化氢气体时，用稀盐酸或稀硫酸与硫化亚铁反应。制二氧化硫气体时，用浓硫酸与亚硫酸钠反应。制一氧化氮时用稀硝酸与铜反应。制二氧化氮气体时，用浓硝酸与铜反应。酯的水解、糖类的水解要用稀硫酸。制乙烯、硝基苯、苯磺酸，酯化反应、蔗糖脱水，都要用浓硫酸。二氯化铜溶液稀时呈蓝色，浓时绿色。

乙：总结的好！

甲：现在我说第三大关系。

乙：第三大关系又是什么？

甲：第三大系是左与右的关系

乙：支持左派，反对右派！

甲：先别支左支右的，听后再说。使用托盘天平时，左盘放称量物，右盘放砝码，即左物右码；游码刻度从左到右，读数时读游码左边刻度。调天平零点时，左边轻时，平衡螺母应向左旋，右边轻时，平衡螺母向右旋。

乙：哦左右都非常重要！

甲：组装仪器时先低后高，从左到右将各部分联成一个整体，拆卸仪器时顺序则相反。制取气体时，发生装置在左，收集装置在右，气体流动的方向从左到右。

乙：对！

甲：将试管由长到短，从左到右放置在试管架。中和滴定操作时，要左手控制旋塞，右手摇动锥形瓶，即左塞右瓶。用移液管取液时，用右手拇指及中指拿住移液管，左手握住

153

洗耳球。

乙：对！对！对！

甲：第四大关系是上与下的关系

乙：今天走走你这个上级路线，看你能给我这个下级说明白吗？

甲：玻璃仪器中的"零刻度"：滴定管在上方，量筒、烧杯、刻度试管等的起始刻度在下方，但并无零刻度。容量瓶、移液管等的刻度线在上方（只有一刻度线）。

乙：明白了！

甲：水冷凝器中的冷凝水流方向为从下边进，从上边出。分液操作时，下层液体应打开旋塞从下边流出，上层液体应从分液漏斗的上口倒出。使用长颈漏斗时，漏斗的底部应插入液面以下，而使用分液漏斗时一般在液面之上。

乙：说的正确，我原来怎么就没有仔细观察总结呢！

甲：用排空气法收集气体时：若气体的式量大于 29，用向上排空气法收集；若气体的式量小于 29，则用向下排空气法收集。有水吸收易溶气体时，气体导管要悬在液面上；用水吸收微溶气体时，气体导管要插入液面下。

乙：说的完全正确。

甲：进行石油等物质的分馏时，温度计的水银球应在液面之上且位于支管口附近；而制乙烯等需要测量、控制反应物温度的实验时，温度计水银球应在液面之下。

乙：符合要求，看来你可以当我的老师了啊。

甲：岂敢岂敢！化学实验中的第五大关系是大与小的关系。

乙：大大的好，小小的不好，说说看（用大拇指表示好，

用小拇指表示不好。)

甲：称量时，先估计称量物大概质量，加砝码的顺序是先大后小，再调游码。使用干燥管干燥气体或除杂质气体时，气流的方向应大端进小端出，即大进小出。固体药品（粉末或块状）应保存在广口（大口）试剂瓶中，液体试剂应放在细口（小口）试剂瓶中。

乙：还真是这么回事！

甲：第六大关系是长与短的关系。

乙：实验中还有长与短的关系，哪就再听听你的长处，看看你的短处！

甲：有。使用双导管洗气瓶洗气时，气体应从长导管进，短导管出，即长进短出；而使用双导管洗气瓶测量气体的体积时，则正好相反，为短进长出。使用带双导管的集气瓶并用排气法收集气体时（瓶口向上），若气体的式量大于空气的平均式量 29（如 Cl_2），气体应从长导管进，将空气从短导管排出；若气体的式量小于 29，则气体应从短导管进，将空气从长导管排出。

乙：哦，听明白了。

甲：第七大关系是快与慢的关系。

乙：这个关系我们实验小组讨论过，你看我说的对不对？实验室制氯气时，加热时宜慢不宜快，温度宜低不宜高。实验室制乙烯时，加热使液体温度迅速升高到 170℃，宜快不宜慢，否则易产生乙醚等副产物。实验室制乙炔时，轻轻旋开分液漏斗的旋塞，使水缓慢滴下，宜慢不宜快。中和滴定接近终点时，滴加液体宜慢不宜快。

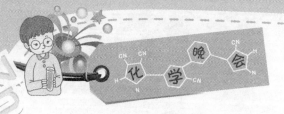

甲：看来你们实验小组也善于归纳总结。现在我再来说说第八大关系。

乙：第八大关系是什么？

甲：第八大关系是多与少的关系。

乙：多多的益善，少少的不要！

甲：在工业生产中往往采用增大浓度的方法，使成本较高的原料得到充分利用。即容易得到的或成本较低的反应物多，而成本较高的原料则相对较少。如在硫酸的工业制法中常用过量的空气（多）使二氧化硫（少）充分氧化，增大二氧化硫的转化率。实验室制乙烯时，浓硫酸的量多，乙醇的量少，二者的体积比为三比一。实验室配制王水时，浓盐酸量多，浓硝酸量少，二者的体积比为三比一。用到催化剂的反应，反应物量多，催化剂量少。

乙：这些我听清楚了，也记下了。现在请你说说实验中的第九大关系。

甲：实验中的第九大关系是内与外的关系。

乙：你说的内与外的关系我们化学老师强调过，我现在还记着呢！

甲：哪请你说说。

乙：用酒精灯加热时，要用外焰不用内焰。测定硝酸钾的溶解度时，温度计要插在试管内，制备硝基苯时，温度计要放在试管外的水浴中。

甲：你对老师讲的知识能记住，是个好学生。最后我再来说说第十大关系。

乙：好！

甲：第十关系是直接与间接关系。坩埚、蒸发皿、试管、硬质玻璃管、燃烧匙可直接加热，而烧杯、烧瓶、锥形瓶则需垫上石棉网间接加热。一般加热实验用酒精灯直接加热，而苯的硝化、银镜反应、酚醛树脂的制取、酯的水解、纤维素的水解等则需水浴间接加热。

乙：听了你讲的化学实验中的"十大关系"，让我茅塞顿开，这对我学好化学知识有很大的启发。

甲乙共同：同学们，学习科学知识要善于归纳总结，这样易于巩固，易于掌握！

（表演结束，双鞠躬下）

话说环保

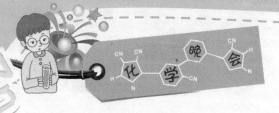

甲：你好！

乙：你好！

甲：哎，你的环保征文写了没有啊？

乙：嗨！写那玩意干嘛啊？老同学，你刚回来，走，咱们去喝两杯！（拉甲要走）

甲：等会！等会！我说，你啥意思啊？

乙：啥意思？环保不环保，关我啥事啊？再说了，那都是喊喊口号、做做样子的！

甲：（瞪着乙）嗨我说，你这么说可就不对了啊！

乙：怎么不对了？环保和我有关吗？

甲：当然有啦！关系还很大啊！

乙：是不是啊？！你倒是说说看，怎么和我有关了？

甲：我问你，你家吃水吗？

乙：去去去！你家才不吃水呢！

甲：呵呵，那吃的是什么水啊？

乙：自来水啊。

甲：这不，环保来啦！你知道吗？我们国家是世界上12个贫水国之一，淡水资源还不到世界人均水量的1/4，全国有600多个城市半数以上缺水，所以说，节约用水就是环保的体现。

乙：就这啊？

甲：还有呢！我再问你（在乙身上嗅嗅）呀！这什么怪味啊？

乙：去去去！怎么说话呢你！什么叫怪味啊？这是清洁

剂的味道！我刚搞完大扫除。（做个拖地的动作）

甲：呵呵，这不，环保又来啦！我告诉你啊，大多数清洁剂都是化学产品，用过的废水如果排放到河里，会使水质严重恶化……

乙：你吓我呀？有那么严重吗？

甲：还没完呢！我问你，你最近怎么不写东西啦？

乙：嘿嘿（小声地）没有灵感啦！

甲：就是呀！我告诉你啊，长期不当使用清洁剂，会损伤人的中枢系统，使人的智力发育受阻，思维能力、分析能力降低，严重的还会出现精神病。来，我帮你把把脉……

乙：去去去！你才精神病呢！

甲：呵呵。你家有家用电器吧？

乙：你什么意思啊？当我家原始社会啊？我还不是吓你，我家里灯泡 1000 瓦的！电视 100 英寸的！空调那个……那个……七匹狼的！

甲：好嘛！他家赶上商场了。

乙：我家还有……

甲：得了得了（止住乙），知道你家电器多。我告诉你，环保的问题啊又来啦！我们国家以火力发电为主，煤是主要的能源，要达到发达国家的水平，至少需要 100 亿吨煤的能源消耗，这相当于全球能源消耗的总和，而且煤炭燃烧时会释放出大量的有害气体，严重污染大气，不但能形成酸雨，而且还能造成温室效应，我说你知道不知道啊？

乙：那怎么办呢？（嗫嚅地）那我以后只有点蜡烛了？

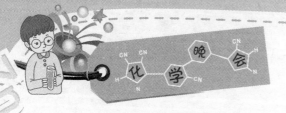
甲：呵呵……倒也不必那么夸张！只要你啊，平时随手关灯，少用空调，每节省1度电，就是减少一份污染，也是为环保多做一份贡献。

乙：好好好，我记住了。还有吗？

甲：还有呢。我再问你，你家有车吗？

乙：（得意洋洋地）有啊，上个月刚买的。

甲：大奔啊？

乙：不是！

甲：宝马？

乙：也不是！

甲：那是？

乙：自行车。

甲：嘿！好嘛！你这也算是为环保做贡献啊，我先谢谢你！

乙：为什么呢？

甲：为什么？我告诉你，汽车那可是环境污染大户啊！汽车尾气会排放出铅尘，这些铅尘随呼吸进入人体后，会伤害人的神经系统；漂浮在空气中，会严重破坏大气层；落在土壤或河流中，会被动植物吸收而进入人类的食物链。铅在人体中积蓄到一定程度，会使人得神经衰弱、贫血、肺气肿、（看着乙，越说越快）心绞痛、肝炎、肺炎、脑膜炎、气管严……

乙：去去去！瞎扯淡，还"妻"管严呢！

甲：呵呵呵……现在啊，很多人为了减少汽车带来的空气污染而愿意骑自行车上班，这样的人被视为"环保卫士"而备受人们尊敬呢！

乙：（沾沾自喜）嘿嘿……我，环保卫士！

甲：我再问你，平时有朋友吗？写信吗？

乙：我啊？我的朋友遍天下啊！每月至少要写几麻袋信呢！

甲：嘿……好嘛！都啥友啊？

乙：啥友？笔友、驴友、战友、发烧友；酒友、票友、网友、张学友……

甲：啥？张学友？！

乙：呵呵……歌友会！张学友歌友会！

甲：（抹了抹汗）好嘛！吓我一跳。那我告诉你啊，你的问题那可是相当得严重啊。以后一封信都不让写！

乙：为啥？

甲：为啥？因为珍惜纸张，就是珍惜森林与河流。你知道吗？纸张需求量的猛增是木材消费增长的主要原因，全国年造纸消耗木材 1000 万立方米，这要砍伐多少树木啊！嗯？造成多少森林毁坏啊！嗯？使多少江河湖泊受到严重污染啊！嗯？（用手指着乙，一时语塞后）嗯？

乙：去去去！毛病！我改还不行啊？我发"伊妹儿"。（讨好地）老同学，饿了吧？我给你买盒饭吃。

甲：不吃！那东西不环保，不符合国家提倡的包装物的重复使用和再生处理。

乙：那……我们去卡拉 OK 唱歌吧。

甲：不去！那东西也不环保，噪音污染。在德国，人家规定在室内使用音响设备时，音量以室内能听清为准；在美国，法律规定在学校中不设置有关噪声的课程，英国规

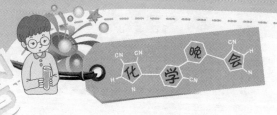

定……

乙：得得得，晓得你见多识广，你说我们去哪里吧！

甲：（一笑）跟我去环保局。

乙：去环保局干嘛啊？

甲：交作业啊！

乙：我还没有写啊？

甲：（学乙的口气）我还不是吓你！早给你写好啦！

乙：（惊喜地）是吗？给我看看！

甲：（掏出一张纸）两人齐：说环保、道环保，环保到底怎么搞？节约水电很光荣，监护水源更重要。化学污染要重视，废旧电池您收好。少坐汽车多走路，尾气排放要达标。能源耗竭很可怕，多种树木与花草。街坊邻居要和睦，莫让噪音把民扰。食品认准无公害，生活垃圾莫乱倒。只要大家齐努力，祖国江山更妖娆。

（表演结束，双双鞠躬下）

摘自 http://zhidao.baidu.com/question/91965540.html 作者：佚名。马莉搜集整理。（略上修改）

中学化学中易混淆术语辨析

乙：你好老同学！最近一段时间你在忙什么？

甲：你好老同学（相互握手）！最近我在研究中学化学

中易混淆的一些术语。

乙：哦，看不出来，想当化学家了？哪有研究结果吗？

甲：实不相瞒，还有一点小小的收获。

乙：哪能不能告诉同学们听一听啊？

甲：版权所有，传播必究，哈哈，开个玩笑，同学们如果感兴趣，哪我就班门弄一回斧吧！

乙：快说啊，别那么多废话啊！

甲：好！我从四个方面探讨了中学化学中易混淆的一些术语。

乙：哪四个方面？

甲：有概念方面的，有物质方面的，也有关于实验操作和实验现象方面的。它们有音同易混淆的，有字相似易混淆的，术语中有相同字混淆的，表述意思相近混淆的等等。

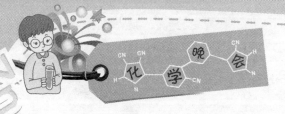

乙：能不能举几个例子，让同学们听听？

甲：有关概念方面易混淆的术语就很多。如燃点、自燃点和闪点这三个术语由于表述意思相近且出现相同的一个"点"字，就易混淆。

乙：对，这三个术语我就没有弄清楚。

甲：燃点也称为着火点，指物质着火燃烧所需要的最低温度。燃点越低，越容易着火。象白磷的着火点比室温消高一些，仅 40℃。有的物质燃点却较高，如煤炭的着火点就在 400℃左右。自燃点是指物质在既无明火又无外来热源的条件下，本身自行发热而燃烧起火的最低温度。物质的自燃点越低，发生火灾的危险性就越大，而且是随着压力、浓度、散热条件等的不同，自燃点也不同，如压力增大，自燃点就降低。象泥炭、褐煤、新烧的木炭和没晒干的稻草等本身就能自燃起火。象钾、钠、钙等金属与水接触时也能自燃起火。而闪点是指可燃液体挥发出的蒸气和空气的混合物，与火源接触时，能够闪燃的最低温度。闪燃通常发出淡蓝色火焰，而且一闪即灭。闪点可以作为评定液体火灾危险的主要根据。不同的可燃液体有不同的闪点，闪点越低，着火危险就越大。

乙：哦，经你一讲我明白了，这三个概念的共同之处都是指可燃物在不同条件下发生燃烧时的最低温度。

甲：现在我们再来说酸性、酸度和酸的浓度这三个术语吧。这三个术语由于表述意思相近且出现相同的一个"酸"字，也容易混淆。

乙：好，同学们注意听啦（面对台下观众）。

甲：酸性是指酸的性质。如酸味、能使蓝色石蕊试纸变红、可与活泼金属反应产生氢气、与碱性氧化物反应生成盐和水、与碱反应生成盐和水，其溶液的 pH 值大于 7。酸一定具有酸性，但具有酸性的不一定都是酸，也可能是强酸弱碱组成的盐或弱酸弱碱组成的盐。而酸度是指酸已电离出的 H^+ 离子的浓度，可用 pH 值表示。

乙：哪酸的浓度怎么解释？

甲：酸的浓度即包括已电离出的 H^+ 离子浓度，又包括末电离的 H^+ 离子浓度。强酸溶液中酸几乎全部电离，但弱酸溶液中其意义就不同了。如：盐酸的酸度和浓度都是 0.1 摩尔／升，而醋酸的酸度和浓度分别是 1.3×10^{-3} 摩尔／升和 0.1 摩尔／升。当它们跟碱反应时，酸的消耗要取决于酸的浓度和体积，而不取决于酸度。

乙：明白明白。哎，老同学，我对组成和构成这两个术语常混淆，你能讲讲吗？

甲：这两个术语主要混淆在表达的意思相近上！从宏观角度分析讨论物质结构时一般用"组成"。如水是由氢、氧两种元素组成的。"水"是宏观概念，"元素"也是宏观概念，用"组成"描述比较确切。而从微观角度分析讨论物质的结构时一般用"构成"。如 1 个水分子是由 2 个氢原子和 1 个氧原子构成的。"1 个水分子"是微观概念，"原子"、"质子"、"电子"等微粒也是微观概念，用"构成"描述比较确切。

乙：哦，现在我清楚了。不好意思，我对固体和晶体这两个术语也糊里糊涂的，请你给我讲讲吧。

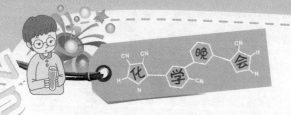

甲：这两个术语的混淆也是出在表达意思的相近上！固体是物质存在的三种状态中的一种状态，组成物体微粒间的距离很小，但作用力很大。微粒在各自的平衡位置附近作无规律的振动，固体的流动性差，一般不存在自由移动离子，它们的导电性通常由自由移动电子引起的。在受到不太大的外力作用时，固体的体积和形状改变很小。固体又分为晶体和非晶体，与液体和气体相比固体有比较固定的体积和形状、质地比较坚硬。而构成固体的微粒（分子、原子或离子）有规则排列的称为晶体，如金刚石、食盐、金属等。若构成固体的微粒无规则分布，则为非晶体，如玻璃、沥清、石蜡等。

乙：你还真行，一讲我就清楚。

甲：现在我说说标准状况、标准情况和标准状态这三个术语吧，这三个术语都有"标准"二字，就容易把人搞糊涂。

乙：同学们注意听啦！

甲：气体的体积与其温度和压力（压强）有密切的关系，为了便于在比较不同气体的体积时有统一标准，通常规定温度为 0℃ 和压力为 1 个标准大气压（760 毫米汞柱）时的状况称为气体的标准状况。把温度在 25℃ 和压力为 1 大气压的情况叫标准情况。而物质在 1 个标准大气压下处于凝聚相的状态叫标准状态。

乙：同学们听明白了吗？（台下观众鼓掌：听明白了！）

甲：谢谢！现我再来探讨溶解性和溶解度这两个术语的区别吧，这两个术语中的两个"溶解"把同学搞的晕头转向。

乙：这两个术语我们化学小组前天讨论过，请你这个专

家点评一下，看我们解释的清楚吗？溶解性一般是用来说明某种物质在某种溶剂中溶解能力的大小，是物质的一种物理属性。通常用易溶、可溶、微溶、难溶等术语粗略表示。如硝酸钾的溶解性大，是易溶物质；硝酸银的溶解性小，是难溶物质。而溶解度是具体衡量某物质在某溶剂中溶解性大小的尺度，是溶解程定量的表示方法，即某温度下某物质在 100 克的溶剂中溶解达到饱和状态时所溶解的克数。如硝酸钾的溶解度在 0℃时为 13.3 克，在 90℃时为 202 克。

甲：表述的非常清楚，弄清这两个术语的关键是在分析"性"和"度"这两字。看来你们也在研究啊！

乙：老同学，同学们对物质的组分和物质的组成这两个术语还没搞清楚，你能说说它们的区别吗？

甲：这两个术语我昨天刚探讨过。物质的组分是构成物质的成分，包括元素、原子团、官能团、离子、化合物等。如水中的氢元素和氧元素；硫酸中的酸根；醋酸中的羧基；氯化钠中的钠离子和氯离子；黑火药中的木炭、硫磺、硝酸钾等。而物质的组成是指化合物或混和物中各个组分的相对含量，常用质量比或质量分数、体积比或体积百分数来表示。如水中氢氧两种元素的质量比为 1 比 8，质量百分组成含氢为 11%，含氧为 89%；再如空气的组成，氧气、氮气的体积比约为 1 比 4，体积百分数氧气约占 21%，氮气约占 78%，其它气体约占 1%。

乙：老同学还真是精心研究了呀，同学们，来点掌声！

（台下掌声四起）

甲：有关物质方面易混淆的术语也很多。

乙：能举些例子给同学们讲一下吗？

甲：好！先说水合物和水化物这两个术语吧。水合物是指物质和水起化合作用生成含有一定数目水分子的物质，如无水硫酸铜和水化合形成结晶硫酸铜，即为硫酸铜的水合物。而水化物是指物质与水直接发生化学反应生成的物质，如二氧化碳和水反应生成碳酸；氧化钠和水反应生成氢氧化钠，即为水化物。

乙：解释的清楚！

甲：我们再来看看普通水、轻水、重水和超重水这四个术语吧。

乙：这几个术语我还真弄不明白。

甲：普通水，实际上是我们到处都能见得到的各式各样的水，镶嵌于蓝天的云、笼罩着地面的雾、飘浮在水上的冰、依浮着草木的露……它们都是水的化身。天然水有海洋水、河水、溪水、湖水、地下水、土壤水、雨水、雪水、生物体液等。纯净的普通水通常是无色、无嗅、无味的液体，冰点为 0℃，沸点为 100℃，密度为 1 克／毫升。轻水是由氢的同位素氕与氧化合而成，也叫活水，式量为 18。它的沸点是 100℃，冰点为 −15℃，密度为 0.9982 克／毫升（20℃）。重水是氢的重同位素氘和氧的化合物，它的式量是 20，沸点为 101.42℃，冰点为 3.8℃，1 升重为 1.105 千克（20℃）。超重水是氢的超重同位素氚与氧化合生成的，式量为 22，它同样属于死水，对生物的生命过程有显著的抑制作用。

乙：老同学真是细说"四水"有奇招啊！我们化学小组前天还探讨了几组有关物质方面易混淆术语的区别，你看对不对？

甲：请讲！

乙：第一组术语是液氯和氯水的区别。

甲：这两个术语还真易混用。

乙：我们讨论认为，液氯即液态氯，是一种黄绿色液体。它是在常压下，把氯气冷却到 $-34.6℃$ 时，或是在常温下，加六个大气压而制备的。而氯水是氯气的水溶液，淡黄绿色液体。有强的氯臭，易分解。液氯是纯净物，氯水是混和物。

甲：完全正确。

乙：第二组术语是碳和炭的区别。我们讨论认为，石字边碳指的是碳元素，是"看不见，摸不着的"，凡涉及化学元素 C 的名词均用"碳"，包括含碳化合物，也包括某些高纯碳和原子级碳。，如碳元素、碳原子、碳酸盐、碳化、碳素钢等。山字头炭多指一些含多种杂质且以碳为主的具体物质，多数是"看得见，摸得着"的。如木炭，焦炭、炭黑、炭精条、炭疽病等。

甲：你们化学小组讨论的非常好。

乙：第三组术语是胺和铵的区别。月字旁胺是氨分子 NH_3 里的氢部分或全部被烃基取代后的衍生物，分别称为伯胺、仲胺和叔胺。胺根据结构还可分为脂肪胺、环烷胺和芳香胺。金字旁铵是以铵离子 形式存在，如硝酸铵、氯化铵、碳酸氢铵、磷酸氢二铵等。

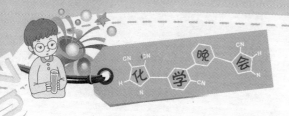

甲：其实，在有机化学中也常出现易混淆的术语。如氰和腈这两个术语同学们也就容易混淆。

乙：这两个术语我到现在还区别不清。

甲：气字头氰是氮碳两种元素的化合物，氰气化学式为$(CN)_2$，是一种无色带苦杏仁味的剧毒气体，其毒性与HCN相似。能与多种物质反应生成剧毒的氰化物，如氰化钠，氯化氰等，某些植物和植物果实，如苦杏仁、枇杷仁、木薯等误食入胃后，在胃酸作用下会分解释放出氢氰酸或氰离子而引起中毒。月字旁腈是含有氰基的有机化合物，通式为R-CN，如丙腈、丙烯腈，丙烯腈能聚合生成聚丙烯腈纤维，即不蛀不霉的人造羊毛，俗称腈纶。

乙：哦，现在明白多了。

甲：再如酯和脂这两个术语吧，由于它们的音同字相似，表面就像"双胞胎"，所以使人经常混淆。酉字旁酯是通式为R—COO—R′的羧酸的一类衍生物，由羧酸与醇（酚）反应失水而生成的化合物。广泛存在于自然界，例如乙酸乙酯存在于酒、食醋和某些水果中；乙酸异戊酯存在于香蕉、梨等水果中；苯甲酸甲酯存在于丁香油中；水杨酸甲酯存在于冬青油中。高级和中级脂肪酸的甘油酯是动植物油脂的主要成分；高级脂肪酸和高级醇形成的酯是蜡的主要成分。月字旁脂原指动物体内或油料植物种子内的油质。如油脂、松脂、脂肪、脂肪酸、脂粉、脂膏、脂肪烃、脂肪醇、脂肪胺等。如脂肪就是人和动植物体中的油性物质；脂油一种动物油，由压榨动物脂而得。

乙：看来术语中如果出现音同字相似情况，我们还要认真去分析理解啊。

甲：在实验操作方面有些术语也容易混淆。如检验、鉴别和鉴定这三个术语有相似的表达意思，往往使人区别不清。

乙：那你给同学们讲讲啊！

甲：检验是对已知某物质的验证，如氢气纯度的检验。鉴别是把已知的几种物质，据它们各自的特性，用多种方法将其一一区别开来，含有辨别之意。如鉴别三种未知物，一般鉴别出其中两种，余下的就必然是第三种。而鉴定是为了肯定某种物质而对其组成成分逐一进行鉴别验证。也就是说既要鉴定有这种成分，又要鉴定有另一种成分，例如对鉴定某物质是否是硫酸铜，不但要对铜离子进行检验肯定，而且对硫酸根离子也要进行检验肯定，这样才能确定它是否是硫酸铜。

乙：理解澄清这三个术语在化学实验结果的描述中非常重要。

甲：再如点燃、加热、高温和煅烧这四个术语吧，它们所要表达的意思相近，所以在实验操作的描述中往往不知道用哪一个。

乙：你研究清楚了？

甲：嗯，点燃意即点着，是某些可燃物质达到着火点而燃烧的外界条件，一般在该条件下的反应，常伴随由于燃烧而产生的光、焰、烟等引起人们视觉注意的现象。加热意即升温，是参加反应的物质达到反应所需的外界条件，加热时

反应物不与热源直接接触，反应时没有燃烧现象。一般加热采用酒精灯、水浴或油浴。高温意即较高的温度，是参加反应的物质达到反应所需的外界条件，有比"加热"温度更高的含义。一般采用酒精喷灯或煤气灯加热。煅烧是指把固体物质加热到低于熔点的一定温度，使其除去所含结晶水、二氧化碳或三氧化硫等挥发性物质的过程。操作有温度高、时间长的特点。

乙：你解释的好！我理解，上述反应条件的描述术语本身含有操作行为之意，与"燃烧"、"灼热"、"炽热"等行为结果描述术语有所不同。

甲：聪明的孩子（哈哈，摸乙的头），最后我们再来探讨一下有关实验现象方面的术语。

乙：同学们，继续认真听（带头鼓掌）。

甲：比如烟、雾、气和汽这些术语吧，如果平时不注意，也容易互相乱用。

乙：那还得请老同学给大家讲一下啊！

甲：烟是扩散到空气里的固体小颗粒，如氯化氢气体与氨气接触有"白烟"现象，这是生成 NH_4Cl 固体小颗粒的结果。雾是悬浮在空气中的液体小液滴，如氯化氢气体扩散到潮湿的空气中有"白雾"现象，这是凝结成盐酸小液滴的结果，叫盐酸的酸雾。气是物质的一种状态，就是气体，它们只有有色时，才能观察到，如溴蒸气、碘蒸气，没有颜色的气体，肉眼是观察不到的。三点水汽是由液体或某些固体变成的气体，如水变成水蒸气叫"汽"。

乙：讲的真好，简明清晰。

甲：再比如挥发性和不稳定性这两个术语，也常常容易混淆。

乙：那再麻烦你给同学们讲一下啦！

甲：挥发性是指物质在常温时变为气体而逸散的性质，它是物质的一种物理性质。如打开盛浓盐酸瓶的瓶盖，即可看到雾状现象，这是盐酸挥发出的氯化氢气体，它是浓盐酸的主要成分。而不稳定性是指物质在常温下或在外界条件下分解或化合的性质，是物质的一种化学性质，如碳酸氢铵受热即可分解，这表现出了它的不稳定性，分解出的氨气、二氧化碳、水蒸气和碳酸氢铵不是一种物质。

乙：明白了，挥发性主要表现的是物质的物理性质，不稳定性主要表现的是物质的化学性质。哦，老同学，我记起了，前几天在写实验报告时，同学们对镁条的燃烧时的现象有的说是"发光"，有的说是"火焰"，用那一个术语更确切啊？

甲：发光是指固体微粒被灼热的结果，也就是物质在灼热时没有产生火苗。如镁带燃烧时的现象是"耀眼的白光"，铁丝在氧气中燃烧时的现象是"火星四射"。而火焰是气体燃烧时伴随的现象，即平常所说的"火苗"。如氢气在氧气中燃烧现象为"淡蓝色火焰"，氢气在氯气中燃烧现象为"苍白色火焰"，硫在氧气中燃烧，硫先汽化再燃烧，现象即为"明亮的蓝紫色火焰"。

乙：清楚了，老同学啊，听你一席讲，胜读一年书！看

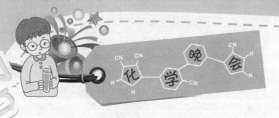

来我们在平时的学习中要重视分析研究。

甲：只有认真去探讨交流，才能更好的理解和掌握化学知识。

甲乙合：同学们，让我们携起手来，共同钻研化学知识，争取登上化学科学的高峰！

（表演结束，双双鞠躬下）

第四幕 化学魔术

关于魔术

魔术一词是外来语，我国古称"幻术"，广东称"掩眼法"，俗称"变戏法"。即以迅速敏捷的技巧或特殊装置把实在的动作掩盖起来，使观众感觉到物体忽有忽无，或用极敏捷、使人不易觉察的手法和特殊的装置将变化的真相掩盖住，而使观众感到奇幻莫测。就广义的来说：凡是呈现于视觉上不可思议的事，都可称之为魔术。而表演者下工夫去学习，然后让人们去观看这种不可思议的表演效果，就是『表演魔术』。魔术可按照专题分为硬币魔术、扑克魔术、逃脱魔术、丝巾魔术、绳索魔术、海绵球魔术、化学魔术等等。

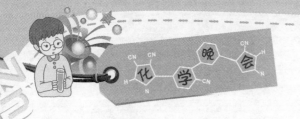
白纸变币

实验用品

人民币、火棉胶。

表演操作

取涂上火棉胶的人民币（表面看似一张白纸），用烟头一触，火光一闪，白纸即刻就变成了人民币。

简单原理

白纸是在人民币上贴了一层火药棉制成的。火药棉在化学上叫做硝化纤维，是用普通的脱脂棉放在按照一定比例配

制的浓硫酸和浓硝酸中，发生了硝化反应，反应后生成硝化纤维，即成了火药棉，然后把火药棉溶解在乙醚和乙醇的混合液中，便成了火棉胶，把火棉胶涂在十元的人民币票面上，于是一张白纸币造成了。这种火药棉有个特殊的脾气，就是它的燃点很低，极易燃烧，一碰到火星便瞬间消失，它燃烧速度快得惊人，甚至燃烧时产生的热量还没有来得及传出去就已经全部烧光了。所以，白纸币还没有受到热量的袭击时，外层的火药棉就已经燃光了，因此，白纸币十分安全。

表演提醒

千万不要随便玩它，弄不好，不但火药棉制不出来，还容易发生危险。

液体星光

实验用品

试管、无水酒精、浓硫酸、高锰酸钾。

表演操作

在一只试管中加入几毫升的无水酒精（95%的酒精也行），再慢慢滴入等量的浓硫酸，在试管的背面衬托一张深蓝色的光纸，摇动几下试管将浓硫酸和酒精混合均匀后，关

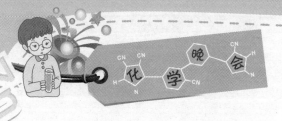

闭灯光，然后将一些高锰酸钾颗粒缓慢地投入试管中。片刻，就可以欣赏这个"液体星光"了。

简单原理

紫色的高锰酸钾是一种很强的氧化剂，它和浓硫酸作用时，放出了氧气，同时也放出大量的热，这时，高锰酸钾颗粒周围的酒精很快达到燃点而生成耀眼的火花，由于热量对流的作用，这些闪烁的火花还来回移动，因此，在黑暗中看去，有如繁星夜空之景。

吹气点蜡

吹气点蜡

实验用品

蜡烛、白磷、二硫化碳溶液。

表演操作

表演时拿一支普通蜡烛,然后把蜡烛插到蜡台上,对准蜡芯吹一口气后,蜡烛便燃烧起来了。

简单原理

表演之前将蜡烛芯松散开,滴进了些溶有白磷的二硫化碳溶液。因为二硫化碳液体是极易挥发的物质,吹口长气使其挥发速度进一步加快,当二硫化碳挥发完了,烛芯上留下

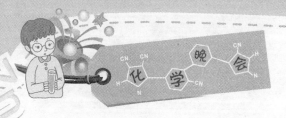

极为细小的白磷颗粒，白磷与空气中的氧气发生氧化反应并产生热量，当温度升高到 35℃时，白磷便自行燃烧，随之就把原来熄灭的烛芯又引着了。这种由于白磷在空气中氧化而引起的燃烧现象，在大自然中是经常发生的，这就是人们所说的"天火"或"鬼火"。

魔棒点灯

实验用品

高锰酸钾、浓硫酸、酒精灯、玻璃棒。

表演操作

取少量高锰酸钾晶体放在表面皿（或玻璃片）上，在高

锰酸钾上滴 2 ~ 3 滴浓硫酸，用玻璃棒蘸取后，去接触酒精灯的灯芯，酒精灯立刻就被点着了。

简单原理

高锰酸钾是一种很强的氧化剂，它和浓硫酸作用时，放出了氧气，同时也放出大量的热，这时，高锰酸钾颗粒周围的酒精很快达到燃点，灯就被点燃了。

魔棒点冰

魔棒点冰

冰块

实验用品

玻璃棒、小碟子、冰块、高锰酸钾、浓硫酸、电石。

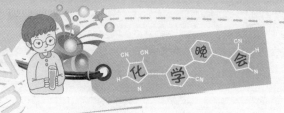

表演操作

先在冰块上事先放上一小块电石，然后在一个小碟子里，倒上 1 ～ 2 小粒高锰酸钾，轻轻地把它研成粉末，然后滴上几滴浓硫酸，用玻璃棒搅拌均匀，并蘸取这种混合物轻轻往冰块上一触，冰块马上就会燃烧起来。

简单原理

冰块上的电石（化学名称叫碳化钙）和冰表面上少量的水发生反应，这种反应所生成的电石气（化学名称叫乙炔）是易燃气体。由于浓硫酸和高锰酸钾都是强氧化剂，它足以能把电石气氧化并且立刻达到燃点，使电石气燃烧，另外，由于水和电石反应是放热反应，加之电石气的燃烧放热，更使冰块熔化成的水越来越多，所以电石反应也越加迅速，电石气产生的也越来越多，火也就越来越旺。

白花变蓝

实验用品

铁架台、铁夹、蒸发皿、滴管、锌粉、碘片、面粉浆糊。

白花变蓝

表演操作

取一只蒸发皿放入 2 克锌粉和 2 克碎碘片，拌和均匀，在蒸发皿的正上方吊一朵白纸花，白纸花上涂以面粉浆糊。

然后表演者说，现在我要"滴水生紫烟、紫烟造兰花"。即用胶头滴管吸取冷水，加 1～2 滴于蒸发皿中的混合粉上，立即有紫烟和白雾腾空而起，团团彩云都抢着去拥抱白纸花，把白花染成蓝花，再熏染 1～2 次，蓝花更加鲜艳、逼真。

简单原理

干态下的碘片和锌粉，常温下不易直接化合，加入少量水作催化剂后，立即剧烈反应生成碘化锌并放出大量的热，使未反应的碘升华成紫烟，水受热汽化，空中冷凝成白雾，碘和白纸花上的面粉接触显蓝色，于是紫烟造出蓝花。

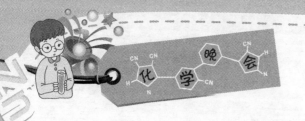

铁条变金

铁条变金

实验用品

铁条、红布一块、硝酸铜溶液。

表演操作

魔术台上放着一根磨得发亮的铁条和一瓶淡蓝色的水。表演时将这根铁棒往瓶中一放，用红布蒙上，过一会儿，拿出来一看，铁棒果然变成了金条。

简单原理

瓶子里装的那种淡蓝色的溶液是硝酸铜溶液。铁比铜活泼，所以铁条中的铁能把硝酸铜中的铜置换出来，这种反应结

果生成了硝酸亚铁和铜。由于这个反应是在铁条表面进行的，因此，生成的铜附在铁条上了，铁条就变成了紫铜色，好似金条一样。同理用铁环可以变银环，把铁环浸在硝酸银中即可。

小猴变蛇

实验用品

工艺品小猴、细玻璃棒、硫氰化汞、蔗糖、硝酸钾、浓硫酸、高锰酸钾、酒精、少许水和胶水。

表演操作

表演者走到讲台上来，右手拿着个洁白如玉的工艺品小

猴，左手拿一根二尺多长的细玻璃棒，让观众看过之后，把猴子放在表演台上。接着又用玻璃棒的一端轻轻地点了一下猴子的小脑袋，顿时，小猴升烟起火，变成了一条婉蜒的淡黄色的长蛇，冲天而竖，摆出要袭击宿敌的架势。

简单原理

取适量的硫氰化汞，少许的水，微量的胶水，再加一些蔗糖和硝酸钾，把这些物质粘聚后，做成小猴，待干后便可表演。表演前，将小猴的头部钻一个小洞，然后滴进几滴酒精。玻璃棒的一端事先蘸上一些浓硫酸和高锰酸钾的混合液，因为高锰酸钾具有氧化性，和浓硫酸混合后，具有强烈的氧化作用。所以，只要轻轻地点一下小猴子的头部，酒精即燃，随后整个猴子开始燃烧，因为含有硝酸钾（硝酸钾受热时放出氧气），所以燃烧的猛烈。由于硫氰化汞受热时膨胀极大，于是，一条弯曲的淡黄色的长"蛇"拔地而起。但是，当蛇形发生时，有一种难闻的气味，注意不要把灰弄到嘴里。

水变豆浆

实验用品

透明的玻璃瓶子、明矾、火碱片（氢氧化钠）。

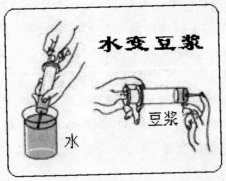

水变豆浆

水

豆浆

表演操作

表演者拿着一个无色透明的瓶子，里面装着大半瓶清水，然后用橡皮塞盖好。接着轻轻地摇晃一下瓶子，立刻瓶子中的清水变成了乳白色的"豆浆"。接着将瓶子又摇荡几下，白色的"豆浆"又变成了清水。

简单原理

事先将瓶里的清水中放入少量的明矾（化学名称叫硫酸铝钾）。因为明矾溶解于水，所以瓶中仍然是无色透明的清水。第一次轻轻地摇晃一下瓶子，将粘在橡皮塞凹陷处的火碱片（化学名称叫氢氧化钠）的一小部分溶解在清水里。这时，火碱与明矾发生化学反应而生成乳白色的沉淀物氢氧化铝，清水变成乳白色溶液，似豆浆。反应如下：

$$2KAl(SO_4)_2 + 6NaOH = 3Na_2SO_4 + K_2SO_4 + 2Al(OH)_3（乳白色）$$

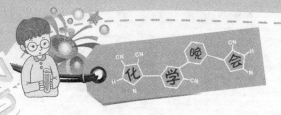

第二次用力摇荡瓶子几下，这时瓶中的液体又将橡皮塞中凹陷处的全部火碱片溶解掉，火碱和氢氧化铝继续发生化学反应，生成溶解于水的无色的偏铝酸钠，这就使白色"豆浆"又变为清的了。反应如下：

$Al(OH)_3+NaOH=NaAlO_2+2H_2O$

这个表演证明了铝这种物质有着极为特殊的化学性质——既有金属性又有非金属性。

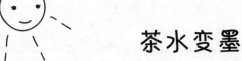

茶水变墨

实验用品

水杯、玻璃棒、绿矾（化学名称叫硫酸亚铁）、草酸晶

体、茶水。

表演操作

表演者手里端着不满一杯棕黄色的茶水，用玻璃棒在茶水中搅动一下，大喊一声"变"，此时，茶水立刻变成了蓝色的墨水。接着表演者又将玻璃棒的另一端在墨水杯里搅动一下，大喊一声"变"，果然，刚刚变成的蓝墨水又变成了原来的茶水了。

简单原理

玻璃棒的一端事先蘸上绿矾（化学名称叫硫酸亚铁）粉末，另一端蘸上草酸晶体粉末。因为茶水里含有大量的单宁酸，当单宁酸遇到绿矾里的亚铁离子后立刻生成单宁酸亚铁，它的性质不稳定，很快被氧化生成单宁酸铁的络合物而呈蓝黑色，从而使茶水变成了"墨水"。草酸具有还原性，将三价的铁离子还原成二价的亚铁离子，因此，溶液的蓝黑色又消失了，重新显现出茶水的颜色。这种现象在人们生活中也是经常遇到的，当你用刀子切削尚未成熟的水果时，常常看到水果刀口处出现蓝色，有人以为是刀子不洁净所造成的。其实，这种情况同上述茶水变墨水是一样的道理，就是刀子上的铁和水果上的单宁酸发生化学反应的结果。

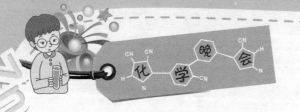

引蛇出洞

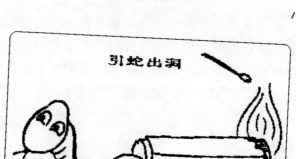

实验用品

铝箔纸、硬纸圆筒、火柴、蔗糖、重铬酸钾、硝酸钾。

表演操作

将 10 克蔗糖、10 克重铬酸钾、4 克硝酸钾分别研成细末，放在一张铝箔纸上混合均匀，然后卷裹在铝箔中，下端封死装进有底的硬纸圆筒里，水平放在稳妥处，用火柴或燃着的木条点燃口部一端的混合物，立即燃烧起来并有"蛇"从筒内曲曲弯弯地"爬"出来。

实验原理

重铬酸钾、硝酸钾等都是强氧化剂，受热分解放出氧气和有色固体残渣，蔗糖在氧化剂中燃烧生成二氧化碳和水蒸

气，过量的蔗糖碳化成黑色粘稠的焦炭。

三种物质混在一起点燃，生成各种颜色的固体残渣在 CO_2、H_2O 的作用下，剧烈膨胀形成彩色团条状的蛇形物。

火龙写字

实验用品

木条、火柴、毛笔、白纸、红铅笔。饱和硝酸钾溶液。

表演操作

用毛笔蘸饱和硝酸钾溶液，在一张白纸上写字（注意笔

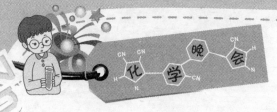

画要连续不断），要重复写 2 ～ 3 遍。然后在字的起笔处用红铅笔做个记号。把纸晾干，放在水泥地（砖地或土地）上。用带火星的木条轻轻地接触纸上有记号的地方，立即有火花出现，并缓慢地沿着字的笔迹蔓延，好像用火写字一般。最后，在纸上呈现出用毛笔所写的字。

简单原理

当纸上的硝酸钾与带火星的木条接触时，硝酸钾受热分解放出氧气，纸被烧焦。

白纸显字

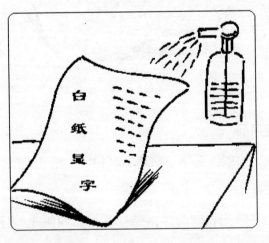

表演用品

硫氰酸钾（KCNS）溶液、黄血盐（亚铁氰化钾）溶液、水杨酸（邻羟基苯甲酸）溶液、单宁酸溶液，喷洒花的塑料小喷雾器（内装三氯化铁溶液）。

表演操作

事先根据需要的颜色，用毛笔分别蘸取上述药液在白纸上写字或画画（每换蘸一次药液都要把毛笔洗净），晾干后白纸上无痕迹。表演开始，表演者只要把三氯化铁溶液喷到事先绘有药剂的纸上后，就会立即出现原来写好的字或画了。

简单原理

硫氰酸钾与三氯化铁反应呈红色；黄血盐与三氯化铁反应呈绿色；水杨酸与三氯化铁反应呈紫色；单宁酸与三氯化铁反应呈黑色。

颜色的深浅，取决于药品的浓度，可根据经验自行掌握。

喷雾作画

实验用品

白纸、毛笔、喷雾器、木架、摁钉。 三氯化铁溶液、硫氰化钾溶液、亚铁氰化钾浓溶液、铁氰化钾浓溶液、苯酚浓

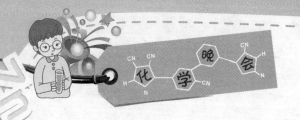

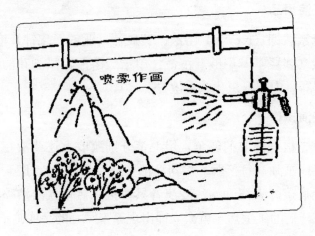

溶液。

①用毛笔分别蘸取硫氰化钾溶液、亚铁氰化钾浓溶液、铁氰化钾浓溶液、苯酚浓溶液在白纸上绘画。②把纸晾干，钉在木架上。③用装有三氯化铁溶液的喷雾器在绘有图画的白纸上喷上三氯化铁溶液。图画就立刻显出来。

简单原理

三氯化铁溶液遇到硫氰化钾(KSCN)溶液显血红色，遇到亚铁氰化钾〔$K_4[Fe(CN)_6]$〕溶液显蓝色，遇到铁氰化钾〔$K_3[Fe(CN)_6]$〕溶液显绿色，遇苯酚显紫色。三氯化铁溶液喷在白纸上显黄色。

小蛋变大

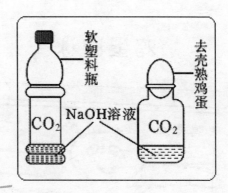

软塑料瓶

去壳熟鸡蛋

CO_2　　NaOH溶液　　CO_2

实验用品

碗一个、鲜鸡蛋一个、稀盐酸。

表演操作

取碗一个，新鲜鸡蛋一个，稀盐酸少许，水适量。把鸡蛋放在盛有稀盐酸的碗里泡几分钟。盐酸把蛋壳溶解，这时看到蛋白和蛋黄周围有一层皮或薄膜。然后小心除去碗中的盐酸，并小心用清水将碗中盐酸冲洗干净（注意不要弄破软鸡蛋）。最后换上清水，这时我们就可以看到鸡蛋一点点变大。

简单原理

这是因为鸡蛋的薄膜上有许多小孔，水分子可以穿过这些小孔进去，但较大的蛋白质分子却不能跑出来。这是一种

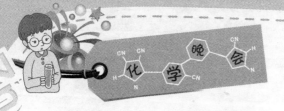

渗透现象，生物都存在着这种现象。

鸡蛋游泳

实验用品

玻璃杯、鸡蛋、盐酸。

表演操作

把一个大玻璃杯放在桌上，拿出鸡蛋放在杯中，往杯中倒水，可是鸡蛋不动，再换一杯水往里倒，不一会儿鸡蛋就一上一下地游起泳来了。

简单原理

第二次倒入的不是水而是盐酸，因为鸡蛋壳主要成份是碳酸钙，它遇到盐酸产生碳酸气，气泡增多，鸡蛋受的浮力

增大，就上升了，升至水面，气泡跑到空气里，鸡蛋受的浮力减小，就下沉了，这样周而复始，仿佛是小鸡蛋在游泳。

注意事项

盐酸的腐蚀性很强，做实验时，要避免危险。

水下公园

实验用品

玻璃缸、硅酸钠的水溶液、氯化亚钴、硫酸铜、硫酸铁、硫酸亚铁、硫酸锌、硫酸镍。

表演操作

表演者在一个盛满无色透明水溶液的玻璃缸中，投入几颗米粒大的不同颜色的小块块。不一会儿，在玻璃缸中竟出现了各种各样的枝条来，纵横交错地伸长着，绿色的叶子越来越茂盛，鲜艳夺目的花儿也开放突起！一座根深叶茂、五光十色的水下花园，展现在观众的眼前。

简单原理

玻璃缸中盛的那种无色透明的液体不是水，而是一种叫做硅酸钠的水溶液（人们称为水玻璃）。投入的各种颜色的小颗粒，是几种能溶解于水的有色盐类的小晶体，它们是氯化

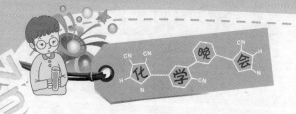

亚钴、硫酸铜、硫酸铁、硫酸亚铁、硫酸锌、硫酸镍等，这些小晶体与硅酸钠发生化学反应，结果生成紫色的硅酸亚钴、蓝色的硅酸铜、红棕色的硅酸铁、淡绿色的硅酸亚铁、深绿色的硅酸镍、白色的硅酸锌。这些小晶体和硅酸钠的反应，是非常独特而有趣的化学反应。当把这些小晶体投入到玻璃缸里后，它们的表面立刻生成一层不溶解于水的硅酸盐薄膜，这层带色的薄膜覆盖在晶体的表面上，然而，这层薄膜有个非常奇特的脾气，它只允许水分子通过，而把其他物质的分子拒之门外，当水分子进入这种薄膜之后，小晶体即被水溶解而生成浓度很高的盐溶液于薄膜之中，由此而产生了很高的压力，使薄膜鼓起直至破裂。膜内带有颜色的盐溶液流了出来，又和硅酸钠反应，生成新的薄膜，水又向膜内渗透，薄膜又重新鼓起、破裂……如此循环下去，每循环一次，花的枝叶就新长出一段。这样，只需片刻，就形成了枝叶繁茂花盛开的水下花园了。

木炭跳舞

实验用品

酒精灯、试管、铁夹、小木炭、固体硝酸钾。

木炭会跳舞

表演操作

取一只试管，里面装入 3～4 克固体硝酸钾，然后用铁夹直立地固定在铁架上，并用酒精灯加热试管。当固体的硝酸钾逐渐熔化后，取小豆粒大小木炭一块，投入试管中，并继续加热。过一会儿就会看到小木炭块在试管中的液面上突然地跳跃起来，一会儿上下跳动，一会儿自身翻转，好似跳舞一样，并且发出灼热的红光。

简单原理

在小木炭刚放入试管时，试管中硝酸钾的温度较低，还没能使木炭燃烧起来，所以小木炭还在那静止地躺着。对试

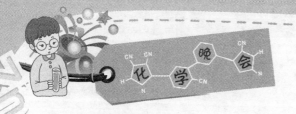

管继续加热后温度上升，使小木炭达到燃点，这时与硝酸钾发生激烈的化学反应，并放出大量的热，使小木炭立刻燃烧发光。因为硝酸钾在高温下分解后放出氧来，这个氧立刻与小木炭反应生成二氧化碳气体，这个气体一下子就将小木炭顶了起来。木炭跳起之后，和下面的硝酸钾液体脱离接触，反应中断了，二氧化炭气体就不再发生，当小木炭由于受到重力的作用落回到硝酸钾上面时，又发生反应，小木炭第二次跳起来。这样的循环往复，小木炭就不停地上下跳跃起来。

雪球燃烧

雪球
能燃烧

实验用品

醋酸钙、95% 的酒精、水。

表演操作

20 毫升水加 7 克醋酸钙，制成饱和醋酸钙溶液，加到 100 毫升 95% 的酒精中，边加边搅拌，就析出像雪一样的固体。制成球状，然后点燃此固体即可燃烧。

简单原理

醋酸钙就象白雪一样，点燃即燃烧。

空杯生烟

空杯能生烟

表演用品

两只玻璃口杯、浓盐酸、浓氨水。

201

表演操作

两只洁净干燥的玻璃杯，一只滴入几滴浓盐酸，一只滴入几滴浓氨水，转动杯子是液滴沾湿杯壁，随即用玻璃片盖上，把浓盐酸的杯子倒置在浓氨水的杯子上，抽去玻璃片，逐渐便能看到满杯白烟。

简单原理

浓盐酸挥发出的氯化氢气体与浓氨水挥发出的氨气相接触，立即发生反应，生成氯化铵，氯化铵小颗粒呈现出白烟状。

粉笔炸弹

第四幕
化学魔术

实验用品

蒸发皿、粉笔、玻璃棒、角匙、氯酸钾、红磷、酒精(95%)。

表演操作

①在蒸发皿中加入适量酒精(95%),再按质量比2∶7取少量红磷与氯酸钾的细粉先后加入其中,并浸没在酒精中,用玻璃棒在酒精中轻轻将氯酸钾与红磷拌和均匀,备用。

②取若干支粉笔头,在粗的一端用小刀挖出一个锥形孔穴,用角匙向孔穴中装入氯酸钾与红磷和乙醇的混合物,满后用粉笔灰按在其上,外观仍如粉笔一样,放在阴凉稳妥处,让乙醇和水自然挥发掉,数小时后即干燥了。取此粉笔头,使装有红磷与氯酸钾混合物的一端向下,用力摔向坚硬的地面或墙壁,立即发生光、声、白烟共生的爆炸。

简单原理

氯酸钾是强氧化剂,当红磷作为还原剂和氯酸钾混合后,撞击时形成压力能促使两者发生剧烈的氧化还原反应,这便是我们看到的粉笔爆炸的现象。

$5KClO_3+6P= 5KCl+3P_2O_5$

实验成败关键及注意事项:

①氯酸钾与红磷必须浸没在酒精或水中才能拌和,干时拌和极容易发生燃烧和爆炸。

②制好的粉笔炸弹要及时摔响,剩余的混合物要放在铁盘中点火烧掉,不能贮存。

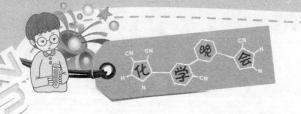

踩响地雷

实验用品

400 毫升烧杯 1 只、漏斗架、长颈漏斗、滤纸、100 毫米量筒、托盘天平、药匙、作搅棒用的木条 1 根，碘、浓氨水。

实验操作

表演前制备：称取 1 ~ 2 克碘（最好是粉末状）置于 400 毫升烧杯中，然后注入 50 ~ 100 毫升浓氨水，用木条做搅棒，不断搅拌以使碘能与浓氨水充分反应。反应 2 分钟后，过滤、过滤时应尽可能使不溶物聚集在滤纸的圆锥中央。过滤一次后，烧杯内仍残留许多未反应的碘，为此应将滤液再次倒回原烧杯，以使浓氨水与未反应的碘进一步反应，然后再摇动烧杯，倾出上层滤液过滤。重复以上过滤过程，直至碘与浓氨水充分反应。最后，将烧杯中所残留的固体，全部转

移到滤纸上。当漏斗中仅剩余少量液体未滤出时，即可将滤纸从漏斗中取出，平铺于一块木板上。这样，"地雷"就制备完成了。

表演开始：用木条将滤纸上的滤饼拨撒到要进行表演的水泥地面上，晾干 30 ～ 60 分钟后，即可进行，试验者将发现，当脚踩到该药品时，会发出清脆的爆炸声，并且随着脚步的移动，这种爆炸声将持续不断，致使试验者不知如何是好，犹如身陷地雷阵似的正是"进亦难，退亦难"。

简单原理

①在常温时，碘跟浓氨水反应生成一种暗褐色的物质，通常称之为碘化氮（实际上，该物质是带有不同数量氨的碘化氮的化合物，如 $NI_3 \cdot NH_3$；$NI_3 \cdot 2NH_3$ 等）。

②当碘化氮干时，极轻微的触动即引起爆炸。如：受振动，碰撞或脚踩时，极易分解发出爆炸声。爆炸时，由于有热量放出，从而使生成的碘变成紫色的碘蒸气。

表演注意

①由于碘化氮极易分解、爆炸（甚至在潮湿时）。因此在制备碘化氮及进行实验时，均须小心，而且不可多制，制备的碘化氮必须一次用尽。

②鉴于"地雷"晾干后就会容易爆炸，所以，在布置"地雷阵"时，一定要在滤饼湿润时进行，否则，在拨撒过程中就会分解爆炸，那就是"炸弹"，而不是"地雷"了。

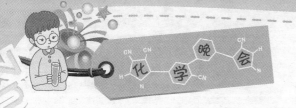

人间仙壶

人间有仙壶啊

表演用品

茶壶一只、稀盐酸（无色）、三氯化铁（固体）、九只玻璃杯（或烧杯）、硝酸银溶液、碳酸溶液、甲基橙指示剂、硫氰化钾稀溶液、亚铁氰化钾溶液、茶水、苯酚溶液、薄膜小塑料袋、细针一枚。

表演操作

①准备：在薄膜小塑袋中，放入少量固体三氯化铁，将袋口对准茶壶盖反面的气孔，并用粘纸使塑料袋紧贴在茶壶的反面。 将9只玻璃杯自1～9编好号。表演前，除1号、

5号为空杯外，其余杯中依次加入适量的硝酸银溶液、碳酸钠溶液、甲基橙指示剂，硫氰化钾溶液、亚铁氰化钾溶液、茶水、苯酚溶液，轻轻将杯中溶液倒出，使杯壁上分别粘有上述各液残汁。

②表演：当众在茶壶中倒入无色的稀盐酸后，盖好壶盖，依次将其倒入1～4号杯中；然后在让观众不注意时，迅速用细针捅破气孔下的塑料薄膜袋，让其中的三氯化铁落入壶中，轻轻摇动茶壶，使三氯化铁溶解，再依次倒入5～9杯中。1～9号杯中的颜色依次为无色、乳白色、无色、红色、棕黄色、血红色、蓝色、蓝黑色、紫色。可嬉称"白开水"、"牛奶"、"汽水"、"葡萄酒"、"柠檬水（或咖啡茶）"、"纯蓝墨水"、"蓝黑墨水"、"紫药水"。

简单原理

1号空杯中倒入稀盐酸，呈无色；2号杯中有氯化银沉淀生成；3号杯中的反应无现象；4号杯中的甲基橙指中示剂在酸性溶液中颜色显红色（变色范围pH值3.1～4.4）。5号杯中见到的是棕黄色的$FeCl_3$溶液；6号杯中三价铁离子与硫氰根离子的反应血红色；7号杯中三价铁离子与亚铁氰化钾呈普鲁氏蓝）；8号杯中有茶水，茶水中含鞣酸（也称单宁酸），与铁盐生成蓝黑色的鞣酸沉淀。9号杯中苯酚与三价铁离子反应紫色。

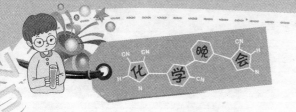

吹气生火

实验用品

蒸发皿、玻璃棒、镊子、细长玻璃管。过氧化钠、脱脂棉。

表演操作

①把少量过氧化钠粉末平铺在一薄层脱脂棉上，用玻璃棒轻轻压拨，使过氧化钠进入脱脂棉中。②用镊子将带有过氧化钠的脱脂棉轻轻卷好，放入蒸发皿中。③用细长玻璃管向脱脂棉缓缓吹气。脱脂棉马上就会燃烧起来。

简单原理

过氧化钠能与二氧化碳反应产生氧气并放出大量的热，使棉花着火燃烧。

火山爆发

火山爆发

实验用品

木板、泥土、坩埚、高锰酸钾、硝酸锶、重铬酸铵。

表演操作

在木板中央堆一方泥土，上面放一坩埚，坩埚周围用泥围堆成一小"山丘"，丘顶坩埚上方为"火山口"。向埋在山丘内的坩埚中央堆放 5 克高锰酸钾和 1 克硝酸锶的混合物，此混合物周围堆放 10 克研细了的重铬酸铵粉末。用长滴管滴加数滴甘油在高锰酸钾上，人离远点，片刻后可见有紫红色火焰喷出，紧接着就有绿色的"火山灰"喷出。

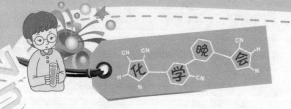

简单原理

高锰酸钾与甘油混合激烈反应放出大量热，使重铬酸铵分解生成的固体残渣随生成的气体喷出。

纸中包火

纸中可包火

实验用品

烧杯、量筒；浓硫酸、浓硝酸、药棉。

表演操作

将一小团脱脂棉放到 5 毫升浓硝酸和 10 毫升浓硫酸的混

合液中，浸泡 20 分钟后取出，用水洗涤至中性，晾干后即成硝酸纤维（火棉），用一张大纸松包住蓬松的硝化纤维，留一个可用木条点火和观察的小孔，再将一烧红的铁丝或木条伸进小孔点燃火棉，可以看到火棉瞬间迅速燃烧，此时可看到包住熊熊大火的纸仍安然无损。

简单原理

因火棉容易分解放出二氧化碳、二氧化氮和水，速度快，而且蓬松后间隙大，燃烧放出的热量消耗在气体和水蒸气温度的提高上，成为低温火焰，报纸还来不及燃烧时火棉已分解完。

表演提醒

如火棉太多或纸包得太紧时，仍可烧着。

两件宝衣

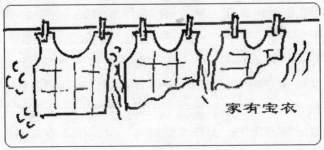

家有宝衣

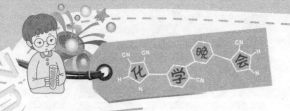

实验用品

棉布小衣服 3 件、磷酸铵溶液、酒精。

表演操作

预先准备：用棉布缝制 3 件象征性小衣服（可如洋娃娃穿的那样大小）。取适量的磷酸铵溶液在热水中，制成浓度为 30% 的溶液。将其中一件小衣服放在该溶液中浸透后再晾干；另取一件小衣服，在水里充分浸入 2 份酒精和 1 份水的混合液中，取出后轻轻地把酒精挤掉；第三件衣服不作任何处理。

表演开始：表演者问观众，现有一件湿衣服、两件干衣服，3 件衣服中有两件是"宝衣"。谁能猜出哪两件是"宝件"？ 然后按顺序将上述 3 件衣服分别点燃：第一件无如何也烧不起来；第二件立即着火，火焰很大，好像衣服立刻要烧成灰的样子，但衣服并没有被烧着；第三件衣服不久就慢慢燃烧了，最后变成灰烬。说明第一二件是"宝衣"

简单原理

棉布能够燃烧是因为它的纤维是由碳、氢、氧等元素组成。布在加热时，碳、氧等元素与空气的氧气发生化学反应，生成了水和二氧化碳，所以棉布燃烧后，除留下少量杂质外，全部变成了气体。那么，浸过磷酸铵溶液的棉布为什么遇火不会燃烧起来呢？原来磷酸既不能燃烧，又会阻碍布与空气的接触，由于布得不到氧气，因此布就再也不会烧着了。浸过水和酒精的棉布，起初燃烧旺盛，这是由于酒精燃烧的结

果。但很快酒精就烧完了，在衣服上剩下来的是水。水是不会燃烧的，所以衣服不会被烧坏。

蔗糖焰火

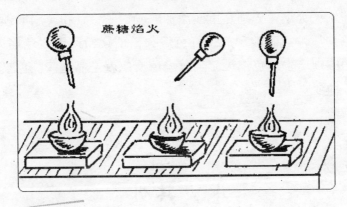

蔗糖焰火

实验用品

瓷坩埚三只、砖头若干块、玻璃管一支；蔗糖、氯酸钾、硝酸锶、硝酸钡、镁粉、浓硫酸。

表演操作

把等量的蔗糖和氯酸钾分别在研钵中研细，然后分作三等份，放在三张纸上，再在这三张纸里分别加入硝酸锶、镁粉和硝酸钡，混合均匀，放入三只坩埚中，坩埚分别放入砖头中，砖头的放置如图示。 表演时，拿一支玻璃滴管吸取浓

硫酸（共计两毫升左右），然后分别滴加入这三只坩埚中，里面便分别喷出红、白、绿三色焰火来。

简单原理

蔗糖含有碳、氢和氧三种元素，它具有可燃性。因此，当浓硫酸滴下去跟氯酸钾起作用时，便生成了奇臭的二氧化氯气体。

由于这种气体具有极强的氧化能力，能使蔗糖猛烈燃烧，便产生了火焰，分别在里面添加的硝酸锶，镁粉、硝酸钡是显色物质，加硝酸锶产生红色焰火，加镁粉产生白色焰火，加硝酸钡产生绿色焰火。金属焰色反应就是靠这些颜色来鉴别各种金属盐。

水火共处

实验用品

玻璃杯、氯酸钾晶体、黄磷、浓硫酸

表演操作

在一个玻璃杯中盛大半杯水，把十几颗氯酸钾晶体放到水底，再用镊子夹取几小粒黄磷放到氯酸钾晶体中。接着用玻璃移液管吸取浓硫酸少许，移注到氯酸钾和黄磷的混合物

中，这时水中就有火光发生。

简单原理

在水中放进氯酸钾，氯酸钾是含氧的化合物；再放进黄磷，黄磷是极易燃烧的东西，在水里因为与空气中的氧隔绝了，所以没有自燃。但是，加进了浓硫酸，浓硫酸与氯酸钾起作用生成氯酸，氯酸不稳定，放出氧来。氧又与黄磷起反应而燃烧，这种反应特别剧烈，因此在水里也能进行，使得水火同处在一个杯中。磷被氧化生成五氧化二磷，五氧化二磷与水起作用，生成磷酸。

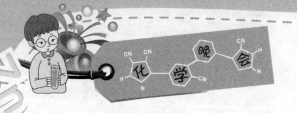

空杯生牛奶

实验用品

两只玻璃杯、碳酸钠溶液、氯化钙溶液。

表演操作

拿一只空玻璃杯，在杯底事先蘸上一层碳酸钠溶液，再拿一只杯子，其中装满氯化钙溶液。表演，可拿空玻璃杯展示给学生看，证实其中确实空杯，然后告诉大家，这只杯子能生出"牛奶"来。说完后，向空玻璃杯倾倒氯化钙溶液，只 立刻变成"牛奶"。

简单原理

这是由于氯化钙与碳酸钠互相作用，生成了乳白色的碳酸钙沉淀。

第四幕 化学魔术

空杯生果汁

空杯生果汁

实验用品

两只玻璃杯、酚酞溶液、氢氧化钠溶液。

表演操作

在一只空玻璃杯底部蘸一层酚酞溶液，再拿一只玻璃杯装满氢氧化钠溶液。表演时，可把空玻璃杯展示给学生先看一下，然后告诉大家，这只杯子能生出果汁。说完后，向空杯倒入氢氧化钠溶液，杯内立刻看到有红色"果汁"生成。

简单原理

这是由于氢氧化钠遇酚酞变红的原因。

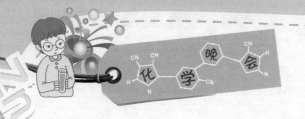

烧不着的棉布

实验用品

棉布条、30%的磷酸钠溶液、30%的明矾溶液

表演操作

表演者取一条事先准备好的棉布条，用火柴点燃，但怎么也无法点着。

简单原理

棉布是由棉花制成的，棉花主要的化学成分是纤维素分子构成的，它含有碳、氢、氧元素，所以是可燃的物质。布条事先浸过30%的磷酸钠溶液，晾干后再浸入30%的明矾溶液中，再晾干，这样，布条上就有两种化学药品，磷酸钠和明矾，磷酸钠在水中显碱性，而明矾在水中显酸性，它们反应之后除生成水外，还生成不溶解于水的氢氧化铝。所以实际上棉布条被一层氢氧化铝薄膜包围了，氢氧化铝遇热后又变成了氧化铝和水，就是这层致密的氧化铝薄膜保护了布条，才免于火的袭击。经过这样处理过的棉布在工农业生产和国防建设上都广泛的应用。

烧不断的棉线

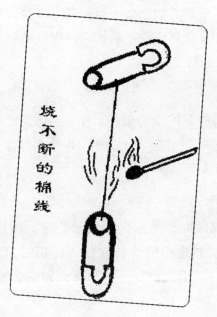

实验用品

热水杯、铁丝、回形针、棉线、食盐。

表演操作

准备：在一杯热水中不断地加入食盐，并不断搅拌，直到食盐不再溶解为止。取一根 20 厘米～ 30 厘米的棉线，在一端缚上一个回形针，然后将棉线浸没在浓盐水中数分钟，

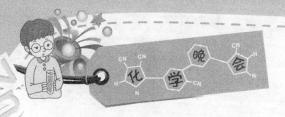

取出后将棉线吊起来晾干。把晾干的棉线再次浸入浓盐水中，取出晾干，重复多次。

将这条特制棉线的一头扎在铁丝上，让缚有回形针的那端悬在下面。用燃着的火柴去点棉线的下端。只见火焰慢慢地向上燃烧，一直燃到铁丝后熄灭，棉线会被烧成焦黑却没有断，回形针还挂在那里。

简单原理

这是因为特制棉线中充满了食盐晶体，点燃后，棉线的纤维虽然已烧掉，但熔点高达800℃的食盐却不受影响，仍然能保持棉线的原有形状。

注意事项

在点燃棉线时，注意保持铁丝稳定，防止因为抖动而使棉线断开。如用明矾代替食盐，将棉线换成一块棉布，做这个实验的效果也很好，棉布燃烧过后，也能保持原样不断裂。

烧不坏的手帕

实验用品

杯子、一块手帕、酒精、清水。

表演操作

杯子里放酒精两份，加清水一份，充分混合。然后取一块手帕，浸入这个溶液里。浸透以后，拿出来绕在一支木棒上，点火燃烧。你会看到手帕燃烧的很盛，好象这块手帕立刻就要烧成灰似的。但等到火焰减小的时候，迅速摇动木棒，使火熄灭。再细看手帕，竟然毫无损伤，就连一点焦斑也没有。

简单原理

这是因为酒精虽然是容易燃烧的物质，但水是不能燃烧的，当酒精快要烧完的时候，手帕上的水蒸发出去还不很多，仍有大量的水存在着，所以手帕就燃不着了。

会变色的手帕

实验用品

集满氯气的玻璃瓶子、新手帕、

表演操作

讲台上放着一个小口绿色玻璃瓶子，表演者手中拿着两块鲜红的新手帕，然后放在自来水里沾了一下，取出后拧拧，随后，把这两块手帕塞进瓶子里盖上盖，上面遮块布。稍等片刻，掀开布，打开瓶盖，取出一块黄色手帕。又盖上瓶子，

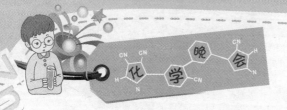

不一会儿，从瓶子里取出另一条白色手帕。

简单原理

瓶子里集满了呈黄绿色的氯气，氯气是一种非常活泼的气体。干燥的氯在低温下不太活泼，但有微量水存在时，反应急剧加快。其原因是：氯气易溶解于水而生成盐酸和次氯酸，次氯酸很不稳定，易分解，放出氧气，它是一种极强的氧化剂。所以，将湿的红手帕逐渐地氧化成黄色，再由黄色氧化成白色，这就是氯气的褪色作用。氯气的这一重要性质，在工业上得到了广泛的应用，比如，人们熟悉的漂白粉就是如此。

表演提醒

氯气是一种有毒性的气体，有剧烈的窒息性臭味，对呼吸器官有强烈的刺激性，应注意。

神奇的三色杯

实验用品

玻璃杯、玻璃棒、四氯化碳、乙醚、碘晶体。

表演操作

在一无色透明的玻璃杯中，沿杯壁依次慢慢倒入三分之

一的四氯化碳、三分之一的水和二分之一的乙醚，使之成为三个液层，远望则是一杯水。表演时把细小的碘晶体撒入杯中，用一支玻璃棒轻轻搅动（不要上下搅动），这时可看到杯中水呈三色：上层为黄棕色，中层为无色，下层为紫红色。

简单原理

碘分子是非极性分子，易溶于非极性溶剂，如乙醚和四氯化碳中，而难溶于极性溶剂水中。碘溶于四氯化碳中以自由分子状态存在，因而与碘蒸气中自由碘分子颜色相同，呈紫色。碘溶于乙醚中则由于碘分子与乙醚分子发生溶剂化作用而呈黄棕色。

第五幕 化学游戏

关于游戏

游戏有智力游戏和活动性游戏之分，智力游戏就是指包括IQ题（脑筋急转弯）、推理题、破案题等众多与智力测验有关的游戏活动；活动性游戏如下棋、积木、打牌、追逐、接力及利用球、棒、绳等器材进行的活动，多为集体活动，并有情节和规则，具有竞赛性。游戏的三大特征：

游戏具有学习的特征——学习、投入、反复体会……

游戏具有社会的特征——结交……

游戏具有娱乐的特征——游乐、玩耍、欣赏、角力……

化学游戏根据运用的手段不同可以分为趣味实验游戏、多媒体演示游戏、合作型动手游戏等等。

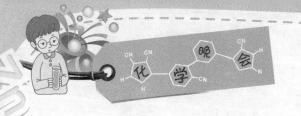

五朵金花

（游戏参与者 5 人，最先完成的同学积 5 分，依次类推，最后一名积 1 分。）

在下图的"五朵金花"中，每朵花的中心已有 1 个字，在图 1 周围的 5 片花瓣上，各填入 3 个字，使它与中心的字连起来，成为 5 种物质的名称；在图 2 和图 3 周围的五片花瓣上，各填入 2 个字，使它与中心的字连起来，成为 10 种物质的名称；在图 4 和图 5 周围的五片花瓣上，各填入一个字，使它与中心的字连起来，成为 10 种物质的名称；。并写出各种物质主要成分的分子式。

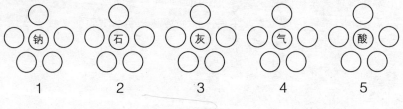

五朵金花

答案：

1. 氢氧化钠（NaOH）、硫酸氢钠（NaHSO₄）、亚硝酸钠（NaNO₂）、碳酸氢钠（NaHCO₃）、次氯酸钠（NaClO）。

2. 金刚石（C）、大理石（CaCO₃）、石灰石（CaCO₃）、冰晶石（Na₃AlF₆）、孔雀石[CuCO₃·Cu（OH）₂]

3. 生石灰（CaO）、熟石灰[Ca（OH）₂]、消石灰[Ca（OH）₂]、草木灰（K₂CO₃）、碱石灰（NaOH·CaO）。

4. 氢气（H_2）、氧气（O_2）、氯气（Cl_2）、氮气（N_2）、沼气（CH_4）。

5. 盐酸（HCl）、硫酸（H_2SO_4）、硝酸（HNO_3）、碳酸（H_2CO_3）、磷酸（H_3PO_4）。

填字组词

（游戏参与者5人，最先完成的同学积5分，依次类推，最后一名积1分。）在空格内，填上化学词汇，使之前后两句组成一个典故或谚语。

1. 杞人忧＿ ＿步青云。

2. 唾面自＿ ＿消雪溶。

3. 一尘不＿ ＿为乌有。

4. 秀才谋＿ ＿付自如。

5. 死灰复＿ ＿石成金。

6. 泾渭不＿ ＿铃系玲。

7. 因势利＿ ＿中窥豹。

8. 飞沙走＿ ＿悲丝染。

9. 出类拔＿ ＿而代之。

10. 跃跃欲＿ ＿见所及。

答案：

1. 天平。2. 干冰。3. 变化。4. 反应。5. 燃点。6. 分解。

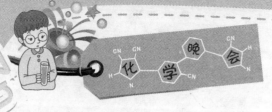

7. 导管。8. 石墨。9. 萃取。10. 试管。

四方发财

（游戏参与者5人，最先完成的同学积5分，依次类推，最后一名积1分。）

请将下图中16个方格分成形状相同的四个部分，要求将每部分内的物质能分别组成四种不同反应类型（化合、分解、置换、复分解），并用化学反应方程式表示出。

水	二气化碳	碳酸氢钙	水
碳酸氢钙	碳酸钙	碳酸钙	二气化碳
碳酸	碳酸钙	氧化铜	碳酸氢钙
水	氢气	铜	水

答案：

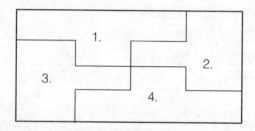

228

1. $CaCO_3+H_2O+CO_2 = Ca（HCO_3）_2$

2. $Ca（HCO_3）_2=CaCO_3+H_2O+CO_2\uparrow$

3. $Ca（OH）_2+H_2CO_3=CaCO_3\downarrow+H_2O$

4. $H_2+CuO\xrightarrow{\triangle}Cu+H_2O$

六连高升

（游戏参与者5人，最先完成的同学积5分，依次类推，最后一名积1分。）

在下图用短线相连的六组圆圈内分别填入两种反应物的分子式，使其成为制取$ZnSO_4$的六种不同方法，并写出化学反应方程式。

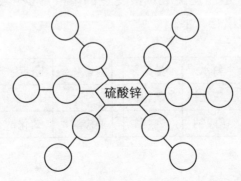

硫酸锌

答案：

1. $Zn+H_2SO_4=ZnSO_4+H_2\uparrow$

2. $ZnO+H_2SO_4=ZnSO_4+H_2O$

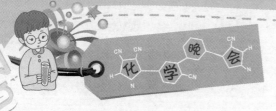

3. $ZnO+SO_3=ZnSO_4$

4. $Zn+CuSO_4=ZnSO_4+Cu$

5. $Zn（OH）_2+H_2SO_4=ZnSO_4+2H_2O$

6. $ZnCO_3+H_2SO_4=ZnSO_4+H_2O+CO_2\uparrow$

涂色显字

（游戏参与者5人，最先完成的同学积5分，依次类推，最后一名积1分。）

在图1和图2的各方格所盛各溶液中分别滴入酚酞。请将图1中能使酚酞试液变成红色的溶液用红色铅笔涂上色。再将图2中不能使酚酞试液变色的溶液用蓝色铅笔图上色。看两图能显出什么字。

硝酸钠	氨水	盐酸
碳酸钾	氢氧化钙	氢氧化钠
氯化铝	碳酸钠	硫酸铜

1

氢氧化钠	亚硝酸钾	碳酸钠
水	硫酸氢钠	硝酸铵
亚硫酸钠	硫化钠	醛酸钠

2

答案：

图1显"十"字，图2显"一"字，合起来为"十　一"。

230

化学麻将

一、游戏目的

化学麻将牌是一种寓教学于娱乐的化学游戏工具，通过游戏活动：

1. 激发和培养参与者学习化学的兴趣，巩固化学基础知识。

2. 提高参与者独立思考、灵活应变的能力，启迪思维，开发智力。

3. 使参与者能融科学性与趣味性于一体，培养参与者热爱化学的科学态度。

二、游戏程序

1. 牌面制作

用硬纸片剪成与扑克牌大小的卡片112张作为牌面。牌面上分别粘贴上事先打印好的元素符号或离子符号，元素符号和离子符号选择及制作数量如下表：

名称	符号	数量（张）	名称	符号	数量（张）	名称	符号	数量（张）
氧	Og	14	铁	Fe	6	氢氧根	OH^-	4
氢	H	8	铝	Al	1	铵根	NH_4^+	4

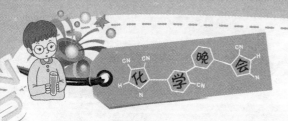

名称	符号	数量（张）	名称	符号	数量（张）	名称	符号	数量（张）
磷	P	4	铅	Pb	2	碳酸根	CO_3^{2-}	4
碳	C	4	锌	Zn	2	硫酸根	SO_4^{2-}	4
氮	N	4	钙	Ca	2	碳酸氢根	HCO_3^-	1
氟	F	4	镁	Mg	2	硅酸根	SiO_4^{2-}	1
氯	Cl	4	钨	W	1	磷酸根	PO_4^{3-}	1
溴	Br	4	铜	Cu	2	磷酸氢根	HPO_4^{2-}	1
碘	I	4	银	Ag	2	磷酸二氢根	$H_2PO_4^-$	1
硫	S	6	锰	Mn	2	高锰酸根	MnO_4^-	1
钠	Na	4	钡	Ba	2	锰酸根	MnO_4^{2-}	1
钾	K	4				氯酸根	ClO_3^-	1

2. 游戏规则

（1）出牌。游戏为甲乙丙丁 4 人。游戏开始，循环抓牌，每人 13 张牌，第一个抓牌的人抓 14 张。第一个抓牌的人先出一张没用的牌，其他三位以先出牌的人为序，顺时针按序从下面再抓 1 张牌（也可抓上家打下来的牌），并从自己手中打出 1 张没用的牌。

（2）组牌。本游戏中采取"纯付子和"、"对对和"与"杂付子和"等多种"和"牌方法。

"纯付子和"即规定由两种或两种以上的元素（或原子团）组成的化合物，且分子只由 3 个原子（或原子团）构成，一套付为 3 张牌。如：CO_2、H_2SO_4、$(NH_4)_2CO_3$ 等。

　　　二氧化碳　　　　　硫酸　　　　　碳酸铵

纯付子和牌举例（氢气作将）：

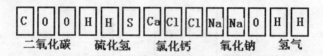

二氧化碳　硫化氢　氯化钙　氧化钠　氢气

"对对和"即由双原子组成的非金属单质，如 O_2、H_2、Cl_2、N_2、Br_2、I_2、F_2 等。

对对和牌举例（氧气或氢气作将，氯气也可作将）：

氧气　氢气　氧气　一氧化碳　氯化氢　氧化铜　氯气

"杂付子和"即以物质的分子中原子总数为 1 套付，如氢气（H_2），抓到下列两张牌即为 1 套付：

又如三氧化二铁（Fe_2O_3），在抓牌时，如果抓到下列5张牌则可组成一套付。

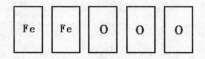

再如硫酸（H_2SO_4），抓到3张牌为一套付：

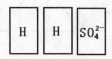

或抓到下面这7张牌也可组成1套付：

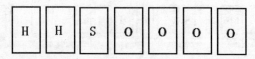

因为硫酸的分子构成是由2个氢原子和1个硫酸根离子构成，且硫酸根又是由1个硫原子和4个氧原子构成，所以上述组合方法也规定为正确。

杂付子和牌举例（氢气作将）：

| H | H | Fe | Fe | O | O | O | K | K | Mn | O | O | O | O |

氢气　　　三氧化二铁　　　　锰酸钾

3. 取胜规则

甲乙丙丁4个参与游戏的人中，谁先将14张牌组成付子，谁就为胜。和牌时可"吃"上家牌"和"，也可"碰"任意一家牌"和"，如果自己从底牌抓上来"和"的，就是"自

摸炸弹"牌，积分翻倍。

最后"和"牌举例：某参与游戏者手中已组好下列牌。

| O | O | Al | Al | O | O | O | O | Fe | Cl | Cl | Na | Br | | O |

氧气　　三氧化二铝　　氯化亚铁 溴化钠

现在只要来 Cu、C、Ca 等牌就可"和"牌（配成 CuO、CO、CaO）。

化学扑克

一、特点用途

特点：简单易懂、趣味性强、便于识记。

用途：通过扑克游戏，强化识记初中、高中化学知识，如常见的元素符号、离子符号、化学方程式、金属的得失电子顺序、氧化还原反应的氧化性与还原性强弱、电解质电离方程式的书写、常见粒子半径大小的比较等。

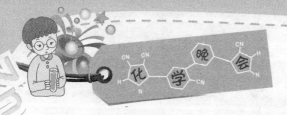

二、制作方法

1.手工制作

买印名片的卡纸，在上面书写牌面所规定的离子符号或物质。

2.利用设计名片的软件制作

在牌面书写离子符号或物质，牌面设计为实验仪器类、环保类等，背面书写实验仪器的用途或画上绿色环保标志，有助于开拓学生的视野。

3.牌面组成

初中部分第一副牌：阴、阳离子各 26 张牌，加大王和小王（可代表任何离子），共 54 张牌。阳离子：Na^+、H^+、

Ag^+、Ca^{2+}、Mg^{2+}、Ba^{2+}各4张牌、Al^{3+}2张牌；阴离子：SO_4^{2-}、CO_3^{2-}、OH^-、Cl^-、NO_3^-、O^{2-}各4张牌、PO_4^{3-}张牌。

第二副牌：阳离子：Na^+、H^+、K^+、NH_4^+、Ag^+、Ba^{2+}、Ca^{2+}、Mg^{2+}、Cu^{2+}、Fe^{2+}、Zn^{2+}、Fe^{3+}、Al^{3+}各2张，共26张牌；阴离子：OH^-、Cl^-、HCO_3^-、HSO_4^-、NO_3^-、O^{2-}、S^{2-}、SO_4^{2-}、CO_3^{2-}、SO_3^{2-}、MnO_4^{2-}各2张，PO_4^{3-}4张牌，共26张牌；大、小王各1张；共计54张。

第三副牌：酸：$H_2SO_4(HCl)$、$HNO_3(H_3PO_4)$、$H_2S(HBr)$各2张；碱：$Ca(OH)_2$、$NaOH$、KOH各2张，$Fe(OH)_3$1张；盐：$AgNO_3$、$BaCl_2$、$CuSO_4$、Na_2CO_3各2张，$NaHCO_3$、$CaCO_3$、$NH4HCO_3$、$KClO_3(KCl)$、$NH_4NO_3(NH_4Cl)$、$ZnCO_3(NaCl)$各1张；氧化物：H_2O、$CaO(SO_2)$、$CO_2(H_2O_2)$各2张，MnO_2、Fe_2O_3、Al_2O_3、CuO各1张；单质：$Na(Mg)$、$Cl_2(N_2)$、$P(Cu)$、$C(Zn)$各2张；$O_2(H_2)$3张、$NH_3$1张；反应条件：高温（通电）、加热（点燃）2张；反应类型：化合反应（分解反应）、复分解反应（置换反应）2张；大小王各1张；共54张。

高中部分第一副牌：金属活动性顺序表。组成：由K、Ca、Na、Mg、Al、Zn、Fe、Sn、Pb、Cu、Hg、Ag、Pt、Au元素组成，每种元素各4张牌，分别用不同的花色表示，共56张牌。

第二副牌：电解质。阳离子：Ag_+、Al^{3+}、Fe^{3+}、Fe^{2+}各1张，Na^+、K^+、H^+、NH_4^+各2张，Mg^{2+}、Ba^{2+}、Ca^{2+}各4张；阴离子：Cl^-、SO_4^{2-}、CO_3^{2-}、S^{2-}、CH_3COO^-、NO_3^-、OH^-

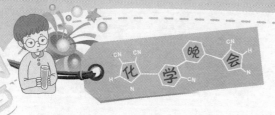

各 4 张；大、小王各 1 张；共 54 张。

第三副牌：常见粒子半径大小比较。组成：C、N、N^{3-}、O、O^{2-}、F、F^-、Na、Na^+、Mg、Mg^{2+}、Al、Al^{3+}、Si、P、S^{2-}、Cl、Cl^-、K、K^+、Ca^{2+} 共 21 种元素，每种元素 1 张牌。

三、使用方法

1.基本玩法

所依据的化学原理：化合物中化合价代数和为零。

第一种玩法：接龙。玩时人数不限，至少 2 人，把所有的牌摸完，第一个出牌的牌面确定龙头，龙头可以是单牌也可以是对牌，但要求必须是阳离子，如果出的是 +2 价阳离子，下家的牌必须接 −2 价阴离子；例如 Zn^{2+} 可以接 CO_3^{2-}；如果出一对 Ca^{2+}，下家必须接一对 −2 价阴离子如 SO_4^{2-}。第一个出牌的人必须读出离子名称，接牌的人必须读出化学式的名称，读错不仅把牌拿回去，而且还失去一次出牌的机会。如果手中没有能够和上家连成化学式的牌就过，直到把手中的二价阴阳离子的牌都出完，这时可以更换龙头，换一价的阳离子或者是三价的阳离子，第一个全出完牌的人算赢。

注意：①4 张相同的牌可以做炸弹，炸了龙头就可以重新起头。②大小王可以单出，代表任何离子，也可以一起出作为最大的炸弹，其次是化合价越大炸弹威力越大。

第二种玩法：化学式麻将。游戏至少 2 人，多可以 5 到

238

6人。每人先发7张牌，庄家8张牌，庄家找出不能组成化学式的单牌甩出，下家看庄家的牌是否能和自己的牌组成化学式。如果能就吃进，没有用可以摸1张牌，吃进1张牌必须换出1张牌，手上始终保持7张牌，要求手上所有的牌都必须组成化学式，并且说对名称，即可摊派。成牌可以是7张牌(3张牌也可以组成化学式$NaHCO_3$)也可以是8张牌。有时可自摸，若摊牌时读错化学式的名称，必须把成对的牌拆开来重新打，直到所有的牌再组成化学式都成对才可以摊牌，第一个摊牌的为赢家。

注意：①大小王可以代表任何1种离子或者物质，但摊牌时要求读出化学式的名称；②第2副牌玩时加物质的类别；③第3副牌玩时可以把反应类别加上。

2. 流行玩法

游戏规则：①遵循化合物中化合价代数和为零的原则；②单牌牌面和对牌牌面的大小比较都看化合价，化合价越大牌面越大：$Al^{3+}>Ca^{2+}>K^+>OH^->CO_3^{2-}>PO_4^{3-}$，1对$OH^->1$对$CO_3^{2-}>1$对$PO_4^{3-}$；③链子：3张牌$>2$张牌($NaHCO_3>NaCl$)，2张牌比较阳离子的大小：三价$>$二价$>$一价($AlPO_4>BaCO_3>NaCl$)。④4张相同的牌即为炸弹，炸弹的威力看化合价，化合价价数越大威力越大，大小王是最大的炸弹。要求：出牌时一定要读对名称，若读错牌要收回去，还失去一次出牌的机会。

第三种玩法：斗地主。3人1组，每人16张牌，拿到红桃Al^{3+}先说话是否叫地主（第2副牌拿到红Fe^{3+}可以先叫地

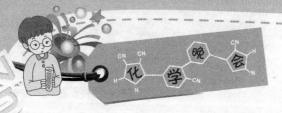

主），地主 20 张牌可以优先出牌，可出单、出对也可以出小链子，下家依次接单、接对或小链子，接不上别忘记用炸弹，最后看谁先出完谁赢。

第四种玩法：挖坑（拿出大小王）。游戏最少 3 个人玩，一般是 4 个人玩，每人发 12 张牌，庄家 16 张牌，拿到红桃 Al^{3+} 先出牌（第二副牌拿到红桃 Fe^{3+} 可以先出牌），可以出单张、出对、也可以出链子，下家就依次可以接单或对或小链子，最后先出完牌的为赢家。

第五种玩法：干瞪眼。至少 2 人 1 组，每个人发 5 张牌，庄家 6 张牌先出牌，可以出单、出对也可以出链子，下家依次接单牌、对牌。王不能单独出，可以和链子一起出，3 张牌是炸弹，炸弹的威力由化合价决定，化合价价数越大威力越大，大小王是最大的炸弹，出一次牌需要再摸 1 张牌，最后先出完的为赢家。玩家也可以自行发明玩法。

3. 高中部分

第一副牌：金属活动性顺序表扑克牌。游戏规则：可由 2 人、3 人、4 人完成，玩家先摸完所有的牌就可以开始游戏，具体规则如下：

第一种玩法：同种元素的牌可以单出、对出、三出、四出，但是单牌只能吃单牌，对子只能吃对子，3 个的除了吃单牌外，还可以吃对牌，4 个的可以通吃。要求游戏者叙述正确的理由，如果叙述不正确 2 张牌全部拿回，因此失去了一次出牌的机会，谁先出完手中的牌算谁赢。

注意：按照金属活动顺序决定牌面大小，越活泼的金属

牌面越大，或按原电池中电极的放电顺序。

第二种玩法：同种元素的牌可以单出、对出、三出、四出，也可以连续的几张牌同时出（如：KCaNa），连续出牌最少是 3 张，但是单牌只能吃单牌，对子只能吃对子，3 个的只能吃 3 个的，4 个的可以通吃，连续牌可以吃连续牌（如 KCaNa 可以吃 CaNaMg、MgAlZn 等），谁出完手中的牌算谁赢。

第二副牌：电解质麻将的玩法。游戏规则：要求 3 人或 4 人共同完成，每人发 7 张牌，从所拿的牌中依据化合价代数和为零的原则组成化学式，且要求该物质易溶于水为强电解质即为 1 副牌。没有成牌的离子须等上家出牌后看是否需要，如果需要吃进，不需要再摸 1 张牌，换出 1 张不需要的牌。手中的牌始终保持 7 张，等手上的牌都组成化学式且为强电解质时，即可摊牌，但摊牌时必须读对化学式名称和电离方程式，如果读不出或读错，必须自行拆开 1 副牌再打，第一个成牌并念对的为赢家。

注意：①成牌获胜时可以是 7 张牌也可以是 8 张牌；②大小王可以代表任何离子。

第三副牌：常见粒子半径大小比较扑克牌。游戏规则：可以 2～3 人完成，粒子半径大的可以吃粒子半径小的，只能单出，谁先出完手中的牌谁就算赢。

粒子半径大小的比较原则：①一般电子层数越多半径越大；②当电子层数相同时，最外层电子数越多半径越小；③当电子层结构相同时，核电荷数越大半径越小。对于同种元素而言，原子半径大于阳离子半径，小于阴离子半径。

注：该作品在第七届（华师京城杯）全国优秀自制教具评选活动中获一等奖。

摘自《教学仪器与实验》第27卷2011年第2期作者：祁雨君，马联文，朱慧明

元素卡片

一、活动思想

化学游戏卡片可以帮助学生知道化学元素的有关知识，认识化学实验仪器的名称、种类、规格、性能、使用范围及使用方法；了解化学试剂的名称、化学式、物理性质、化学性质、主要用途及制备方法；理解中学化学中的有关实验；掌握化学实验的基本操作方法。通过活动，培养学生动脑、动手能力及设计、探究精神。在实践中，开阔学生认识事物的视野，活跃学生的思维方式。

二、制作过程

1. 卡片的制作

（1）用白色无字硬纸片剪取扑克牌大小的卡片若干张。

（2）给剪好的卡片分套编号。第一套为"化学元素游戏卡"，第二套为"常见化学试剂游戏卡"，第三套为"化学实验仪器游戏卡"……。一张卡片设置成一张表格，每套游戏卡片都依次用卡片一、卡片二……字样标明。

（3）把游戏的内容用阿拉伯数字由小到大依次编号。现以元素周期表中的化学元素为例，按照原子序数进行编号。

（4）按下述规律将编好的序号及元素名称填到卡片的格子中。卡片一从1号开始填，方法是依次隔一个号填入，即"填一丢一"：如填1、3、5、7、9……；卡片二从2号开始填，方法是依次连续填入两个号，再连续隔两个号，即"填二丢二"：如填2、3、6、7、10、11……；卡片三从4号开始填，方法是依次"填四丢四"：如填4、5、6、7、12、13、14、15……；卡片四从8号开始填，方法是依次连续"填八丢八"；卡片5从16号开始填，方法是依次连续"填十六丢十六"；卡片六从32号开始填，方法是依次连续"填三十二丢三十二"。……填好的卡片样品见卡片一～卡片七。

2. 卡片中有关知识内容的缩编

游戏卡片中所列知识内容可按序号编写于另册，要求每个参加游戏的同学都能熟记。例如，53号元素碘的基本信息为：元素符号是I。原子序数为53，位于元素周期表中第5周期，第ⅦA族。相对原子质量为126.9，密度4.93，熔点113.5℃，沸点184.35℃。单质碘呈紫黑色晶体，具有金属光泽，性脆，易升华，有毒性和腐蚀性。难溶于水，易溶于乙醚、乙醇、氯仿和其他有机溶剂。碘单质遇淀粉会变蓝色。

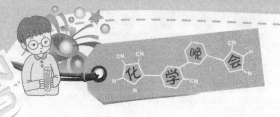

海藻中碘含量最丰富，并为提取纯碘的主要原料。碘主要用于制药物、染料、碘酒、试纸和碘化合物等。

3.游戏方法

游戏由甲乙两组或两名学生参加，一方提问，另一方解释，每解释一次若完全正确则得 10 分，双方交换提问，以积分多者为胜。具体游戏方法为：提问方把心里所想的某一元素名称所在的所有卡片的卡片编号报出来，让解释方猜出其元素名称，并解释有关的知识内容。解释方则将提问方报出的所有卡片表格中第一格内的元素序号相加，再以所得的总数为序号，找出提问方所想的元素名称，随即介绍有关知识内容。例如，提问方所报的元素名称在卡片一、卡片三、卡片五、卡片六中均有，解释方可将各卡片表格中第一格中试剂序号 1、4、16、32 这四个数字相加，得总数为 53，查序号为 45 的元素名称为碘，再将缩编手册中有关碘的知识内容介绍给提问方，一次游戏即结束。

4.说明

每套卡片的张数可根据游戏内容数量的多少而定。游戏内容的数量必须小于各卡片表格中打头序号的之和。例如游戏内容是 109 种化学元素，就需要从卡片一中的打头序号 1 开始依次向后类加，即 $1 + 2 + 4 + 8 + 16 + 32 + 64 = 127$，游戏内容的数量 109 小于 127，所以制 7 张卡片即可。如制 6 张，卡片中的打头序号之和为 63，游戏内容的数量为 109，109 大于 63，所以 6 张卡片不够用。

化学元素游戏卡片一

1 氢	3 锂	5 硼	7 氮	9 氟	11 钠	13 铝	15 磷
17 氯	19 钾	21 钪	23 钒	25 锰	27 钴	29 铜	31 镓
33 砷	35 溴	37 铷	39 钇	41 铌	43 锝	45 铑	47 银
49 铟	51 锑	53 碘	55 铯	57 镧	59 镨	61 钷	63 铕
65 铽	67 钬	69 铥	71 镥	73 钽	75 铼	77 铱	79 金
81 铊	83 铋	85 砹	87 钫	89 锕	91 镤	93 镎	95 镅
97 锫	99 锿	101 钔	103 铹	105Db	107Bh	109Mt	111Uuu
113Uut	115Uup	117Uus	119				

化学元素游戏卡片二

2 氦	3 锂	6 碳	7 氮	10 氖	11 钠	14 硅	15 磷
18 氩	19 钾	22 钛	23 钒	26 铁	27 钴	30 锌	31 镓
34 硒	35 溴	38 锶	39 钇	42 钼	43 锝	46 钯	47 银
50 锡	51 锑	54 氙	55 铯	58 铈	59 镨	62 钐	63 铕
66 镝	67 钬	70 镱	71 镥	74 钨	75 铼	78 铂	79 金
82 铅	83 铋	86 氡	87 钫	90 钍	91 镤	94 钚	95 镅
98 锔	99 锿	102 锘	103 铹	106Sg	107 Bh	110Uun	111 Uuu
114Uuq	115 Uup	118 Uuo	119				

化学元素游戏卡片三

4 铍	5 硼	6 碳	7 氮	12 镁	13 铝	14 硅	15 磷
20 钙	21 钪	22 钛	23 钒	28 镍	29 铜	30 锌	31 镓
36 氪	37 铷	38 锶	39 钇	44 钌	45 铑	46 钯	47 银
52 碲	53 碘	54 氙	55 铯	60 钕	61 钷	62 钐	63 铕
68 铒	69 铥	70 镱	71 镥	76 锇	77 铱	78 铂	79 金
84 钋	85 砹	86 氡	87 钫	92 铀	93 镎	94 钚	95 镅
100 镄	101 钔	102 锘	103 铹	108Hs	109 Mt	110 Uun	111 Uuu
116Uuh	117 Uus	118Uuo	119				

化学元素游戏卡片四

8 氧	9 氟	10 氖	11 钠	12 镁	13 铝	14 硅	15 磷
24 铬	25 锰	26 铁	27 钴	28 镍	29 铜	30 锌	31 镓
40 锆	41 铌	42 钼	43 锝	44 钌	45 铑	46 钯	47 银
56 钡	57 镧	58 铈	59 镨	60 钕	61 钷	62 钐	63 铕
72 铪	73 钽	74 钨	75 铼	76 锇	77 铱	78 铂	79 金
88 镭	89 锕	90 钍	91 镁	92 铀	93 镎	94 钚	95 镅
104Rf	105 Db	106 Sg	107 Bh	108 Hs	109 Mt	110 Uun	111 Uuu

化学元素游戏卡片五

16 硫	17 氯	18 氩	19 钾	20 钙	21 钪	22 钛	23 钒
24 铬	25 锰	26 铁	27 钴	28 镍	29 铜	30 锌	31 镓
48 镉	49 铟	50 锡	51 锑	52 碲	53 碘	54 氙	55 铯
56 钡	57 镧	58 铈	59 镨	60 钕	61 钷	62 钐	63 铕
80 汞	81 铊	82 铅	83 铋	84 钋	85 砹	86 氡	87 钫
88 镭	89 锕	90 钍	91 镤	92 铀	93 镎	94 钚	95 镅
112Uub	113 Uut	114 Uuq	115 Uup	116 Uuh	117 Uus	118 Uuo	119

化学元素游戏卡片六

32 锗	33 砷	34 硒	35 溴	36 氪	37 铷	38 锶	39 钇
40 锆	41 铌	42 钼	43 锝	44 钌	45 铑	46 钯	47 银
48 镉	49 铟	50 锡	51 锑	52 碲	53 碘	54 氙	55 铯
56 钡	57 镧	58 铈	59 镨	60 钕	61 钷	62 钐	63 铕
96 锔	97 锫	98 锎	99 锿	100 镄	101 钔	102 锘	103 铹
104 Rf	105 Db	106 Sg	107 Bh	108 Hs	109 Mt	110 Uun	111 Uuu
112 Uub	113 Uut	114 Uuq	115 Uup	116 Uuh	117 Uus	118 Uuo	119

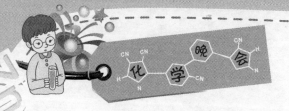

化学元素游戏卡片七

64 钆	65 铽	66 镝	67 钬	68 铒	69 铥	70 镱	71 镥
72 铪	73 钽	74 钨	75 铼	76 锇	77 铱	78 铂	79 金
80 汞	81 铊	82 铅	83 铋	84 钋	85 砹	86 氡	87 钫
88 镭	89 锕	90 钍	91 镤	92 铀	93 镎	94 钚	95 镅
96 锔	97 锫	98 锎	99 锿	100 镄	101 钔	102 锘	103 铹
104 Rf	105 Db	106 Sg	107 Bh	108 Hs	109 Mt	110 Uun	111 Uuu
112 Uub	113 Uut	114 Uuq	115 Uuq	116 Uuh	117 Uus	118 Uuo	119

四、后续建议

在规定的时间期限内，制作实验常用化学试剂、实验仪器、实验项目名称、化学概念、化学术语等游戏内容的卡片。

第六幕 化学对联

关于对联

　　对联又称楹联和对偶，是一种对偶文学，起源于桃符，也要押韵。对联大致可分诗对联，以及散文对联，严格区分大小词类相对。传统对联的对仗要比所谓的诗对联工整。随着唐朝诗歌兴起，散文对联被排斥在外。散文对联一般不拘平仄，不避重字，不过分强调词性相当，又不失对仗。对联源远流长，相传起于五代后蜀主孟昶。他在寝门桃符板上的题词"新年纳余庆，佳节号长春"，谓文"题桃符"。这要算我国最早的对联，也是第一副春联。对联有如下特点：

　　一是字数相等。上联字数等于下联字数。对联中允许出现叠字或重字，叠字与重字是对联中常用的修辞手法，只是在重叠时要注意上下联一致。但对联中应尽量避免"异位重字"和"同位重字"。，有些虚词的同位重字是允许的。

　　二是词性相当。在现代汉语中，有两大词类，即实词和虚词。前者包括：名词（含方位词）、动词、形容词（含颜色词）、数词、量词、代词六类。后者包括：副词、介词、连词、助词、叹词、象声词六类。词性相当指上下联同一位置的词或词组应具有相同或相近词性。首先是"实对实，虚对虚"规则，这是一个最为基本，含义也最宽泛的规则。

　　三是结构相称。所谓结构相称，指上下联语句的语法结构（或者说其词组和句式之结构）应当尽可

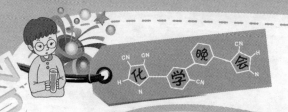
能相同，也即主谓结构对主谓结构、动宾结构对动宾结构、偏正结构对偏正结构、并列结构对并列结构，等等。

四是节奏相应。就是上下联停顿的地方必需一致。

五是平仄相谐。普通话的平仄归类，简言之，阴平、阳平为平，上声、去声为仄。古四声中，平声为平，上、去、入声为仄。平仄相谐包括两个方面，即上下联平仄相反和上下联各自句内平仄交替。

六是内容相关。就是既"对"又"联"。上面说到的字数相等、词性相当、结构相同、节奏相应和平仄相谐都是"对"，还差一个"联"。"联"就是要上句和下句的内容相关。

实验探究发现自然奥秘

化学科学促进社会发展

化学实验

化学仪器

出上联：试管、试剂，试知识水平深浅
对下联：量筒、量杯，量科研能力大小

出上联：试管藏宇宙，反应红烛精神
对下联：烧杯见世界，置换桃李芬芳

出上联：酒精灯加热物质
对下联：试管刷清洗仪器

稀释浓硫酸

出上联：沿器壁注酸入水
对下联：用玻棒搅热出瓶

出上联：沿玻棒注酸入水
对下联：勤搅动加速散热

251

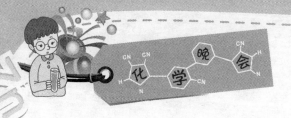

洗气瓶操作

出上联：长进短出气内顺
对下联：短入长导液外喷

药品取用与保存

出上联：镊子、药匙，取用固状药品
对下联：量筒、滴管，填加液体试剂

出上联：钠活泼，储藏在煤油中
对下联：磷易燃，保存于清水里

物质性质

物质俗名

出上联：火碱烧碱苛性钠
对下联：蓝矾胆矾硫酸铜

出上联：火烧苛性钠
对下联：熟消石灰水

出上联：石灰、生石灰、熟石灰，两样钙质
对下联：苏达、小苏达、大苏达，三种钠盐

出上联：水银非银金属汞
对下联：食盐是盐氯化钠

物质性质

出上联：汽油挥发、蜡烛热熔，属物理变化
对下联：钢铁生锈、木柴燃烧，是化学反应

出上联：颜色、气味，用感觉器官感知
对下联：熔点、密度，借测试仪器测定

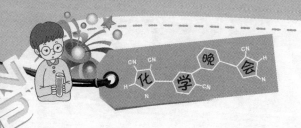

出上联：铁丝燃烧，火星四射
对下联：氢气爆炸，砰然巨响

出上联：氧气助燃，天经地义
对下联：干冰制冷，情理之中

出上联：金刚石正八面体，能切割玻璃
对下联：活性炭疏松多孔，常吸附毒气

出上联：二氧化碳敢叫燃火熄灭
对下联：四氯甲烷能使白磷溶解

出上联：桶漏空，船漏满，越漏越满
对下联：烛吹灭，煤吹旺，越吹越旺

出上联：化学在学习过程中求索真知
对下联：实验用验证方法来探究科学

出上联：碳氢氧氮积蓄无穷力量
对下联：金银铜铝涵盖缤纷化学

环境资源

水资源

出上联：水再生，再生水，生生不息

对下联：福后代，后代福，代代永昌

矿产资源

出上联：水泽源流江河湖海

对下联：金银铜铁铬镍铝锌

环保

出上联：治污染，再现河流碧绿

对下联：限塑料，重还大地清洁

出上联：除秽物、净浊流，叫河川永碧

对下联：逐尘烟、滤污气，让日月更明

化学老师

出上联：纯净物、混合物、有机物、无机物，物物含辛茹苦

对下联：分子式、结构式、电子式、方程式，式式意切情深

出上联：溶胶、溶剂，溶解园丁无限真情
对下联：量杯、量筒，量出恩师博大胸怀

出上联：探天机，乐与有机无机为伴
对下联：培学子，巧同原子分子周旋

出上联：入室需氮氧氟氖几团和气
对下联：游学要铁铜钠镁数年真金

出上联：气氕氘，弘天地正气
对下联：钾钙钠，燃元素本色

出上联：阴阳离子，置换甜蜜爱情
对下联：酸碱浓度，中和美好人生

出上联：化合、混合，百年好合
对下联：有机、无机，把握时机

出上联：中和、饱和，凝聚人和
对下联：原子、分子，早生贵子

出上联：一日逢缘，分子原子耦合
对下联：两情相悦，无机有机生成

第七幕 化学快板

本幕相关
知识提醒

关于快板

　　快板艺术灵活多样，丰富多彩。从表现形式看，有一个人说的快板书，两个人说的"数来宝"和三个人以上的"快板群"（也叫做"群口快板"）。

　　从篇幅看，有只有几句的小快板，也有能说十几分钟的短段，还有像评书那样的可以连续说许多天的"蔓子活"。

　　从方音看，有用普通话说的快板。"数来宝"，也有用天津方音演唱的天津快板。此外，一些地方还用当地方音演唱类似快板的说唱艺术形式，如陕西快板、四川金钱板、绍兴莲花落等。

　　从内容看，既有以故事情节取胜的，也有一条线索贯穿若干小故事的所谓"多段叙事"的，还有完全没有故事的。

　　从韵辙看，既有一韵到底的快板、快板书，也有经常变换辙韵的"数来宝"。

实验基本操作要领

打竹板，响连天，
我给同学说快板，
今天不把别的谈，
实验操作听我言。
药品取用有方法，
关键要领需记下；
块状药品用镊夹，
千万不能用手抓；
放平容器置入内，
慢慢竖起向下滑。
末状药品取不难，
多次操作会熟练；
药匙取来纸槽传，
送到容器最底端。
倒液体，勿淌涎，
玻棒引流最方便；
试剂瓶，有标签，
对准虎口防腐烂；
瓶口盖，口朝天，
随手盖上防污染。

滴加溶液最常用，
掌握方法记要领；
滴管垂直要悬空，
切勿伸入试管中；
充液千万别倒置，
腐蚀胶头不能用。
多取药品勿乱倒，
指定容器回收好；
放回原瓶是错误，
不良习惯克服掉。
托盘天平经常用，
学会操作最要紧；
桌面放，要水平，
看指针，调节零，
调好以后再使用；
称物质，应仔细，
被称物，放容器，
爱护天平须牢记；
左放物，右放码，
先大码，后小码，

平衡之后算总码；
盘不摸，湿不沾，
码不拿，需清点，
用完托盘归一边。
计量器，须放平，
仰俯视，误差生，
平视凹面读数准。
连接仪器有要领，
关键技巧记心中；
管润湿，手握稳，
轻旋转，力均匀，
管口配塞要适中。
酒精灯，点燃前，
灯芯焦茄必须剪；
添酒精，切忌满，
三分之二为上限；
使用时，火柴点，
对灯引火最危险；
用完后，帽灭焰，
连扣两次才安全；
万不可，嘴吹焰，
越吹越旺越易燃。
试管中，加药品，
操作方法要记清；

装固体，应少量，
管口下倾炸裂防；
加液体，须节约，
三分之一看效果；
欲加热，先大面
外焰便是火力点；
液瀑沸，向外窜，
管口切勿对人面。
过滤操作要记牢，
一贴二低三紧靠。
物质需溶解，
搅拌要先行；
握棒要适中，
搅动用力轻；
旋转有方向，
切勿乱划动；
力猛击壁破，
千万要小心！
振荡试管并不难，
操作要领记心间；
三指握，二指拳，
紧靠试管最上沿；
肘不动，腕子旋，
上下振荡溶液溅。

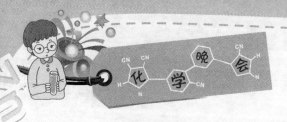

检查装置气密性，
操作要领应牢记
导管一端伸入水，
手心紧贴容器壁；
水中气泡向出冒，
装置密封不漏气。
嗅气味时用手煽，
瓶口切勿对鼻尖。
可燃气体验纯度，
仔细认真不能误；
小试管，集气体，
拇指堵口向灯移；
听声响，纯度辨，
多次练习有经验。
洗涤仪器并不难，
先要注入水一半；
用力振荡倒出水，
连洗数次方为安；

内壁附有不溶物，
试管刷子刷多遍；
选毛刷，不能秃，
大小适宜可去污；
上下移动轻转动，
用力过猛底捅穿；
难溶物质附器壁，
先用酸洗后水涮；
如果附物是油脂，
用热纯碱方可行；
仪器洗后水均匀，
不挂水滴才为净；
洗完倒放试管架，
指定地方放平稳。
实验操作并不难，
掌握要领是关键；
态度认真莫嫌烦，
多演技能越熟练！

用诗歌巧记化学知识

竹板响，有好戏，
我给同学说制气；
实验室里制氧气，
操作步骤须牢记；
仪器配套细心连，
气密性要先检验；
药品多用氯酸钾，
二氧化锰来催化；
质量之比三比一，
混合均匀入试管。
高锰酸钾制氧气，
靠近管口放棉花。
试管倾斜口略下，
移动灯焰把热加。
收集氧气法两种，
选用排水效果佳。
停止实验莫心急，
撤管关灯去残渣。
检验氧气很简单，
余烬木条能复燃。
炭在氧中发红光，

磷燃白色烟尘漫；
铁丝燃时火星射，
硫蓝紫光真灿烂。
实验室中制取氢，
稀硫酸与金属锌；
简易装置省原料，
启普发生方便行；
收集最好用排水，
集满倒置才完成。
氢气轻，遇火嘣，
还能还原氧化铜；
若要还原氧化铜，
操作顺序要记清；
制出氢气先检纯，
检纯之后才通氢；
通氢片刻在点灯，
黑全变红就撤灯；
为防热铜被氧化，
试管冷后再停氢。
早出晚归纯氢气，
迟到早退酒精灯。

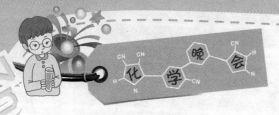

碳酸钙遇稀盐酸，
二氧化碳气体现；
制取装置最简单，
向上排气收瓶中；
该气密度比较大，
不自燃也不助燃；
燃着木条能熄灭，
证明瓶中气体满。
澄清石灰水变浊，
溶水便有酸性显。
二氧化锰浓盐酸，
共同加热氯气现；
向上排气来收集，
余氯吸收用碱液。
磷燃氯中烟雾茫，
铜燃氯中烟棕黄；
氢燃氯中苍白焰，
钠燃氯中产白霜。
实验室中制乙烯：
硫酸酒精三比一。
催化脱水是硫酸。
温度速升一百七，
为防暴沸加碎瓷，
排水收集得此气。

竹板响，观众听，
化学药品怎么存？
硝酸固碘硝酸银，
低温避光棕色瓶。
液溴氨水易挥发，
阴凉保存要密封。
白磷存放需冷水，
钾钠钙钡煤油中，
碱瓶需用橡皮塞，
塑铅存放氟化氢。
易变质药放时短，
易燃易爆避火源。
实验室中干燥剂，
蜡封保存心坦然。
竹板响，观众听，
化合价要记得清。
一价钾钠氯氢银，
二价氧钙钡镁锌，
三铝四硅五价磷。
记变价，也不难，
二三铁、二四碳，
铜汞二价最常见；
二四六价硫全有，
二三五价氮占全。

一价铵根硝酸根，
氢卤酸根氢氧根，
高锰酸根氯酸根，
高氯酸根醋酸根；
二价硫酸碳酸根，
氢硫酸根锰酸根，
暂记铵根为正价，
负三有个磷酸根。
竹板响，观众看，
实验现象大家辨。
氢在氯中苍白焰，
磷在氯中烟雾漫。
甲烷氢气氯相混，
强光照射太危险。

镁条点燃发白光，
盐酸遇氨冒白烟。
碘加热时即升华，
碘遇淀粉则变蓝。
热铜热铁遇氯气，
相似棕烟即出现。
物变化变都在变，
有无新物为界限，
物变只能变形态，
化变原物已不见。
巧用诗歌记化学，
真能扩展知识面；
若有同学感兴趣，
亲自试试可灵验？

第八幕 化学谜语

关于谜语

  谜语主要指暗射事物或文字等供人猜测的隐语，也可引申为蕴含奥秘的事物。谜语源自中国古代民间，最初起源于民间口头文学，是我们的祖先在长期生产劳动和生活实践中创造出来的，是劳动人民聪明智慧的表现。后经文人的加工、创新有了文义谜。一般称民间谜为谜语，文义谜为灯谜，也统称为谜语。

  谜语一般由谜面、谜目和谜底三部分组成。

  谜面是灯谜的主要部分，是猜谜时以隐语的形式表达描绘形象、性质、功能等特征，供人们猜射的说明文字。它是为了揭示谜底所给的条件和提供的线索，是灯谜艺术的表现部分，也可以说是灯谜提出问题的部分，通常由精炼而富于形象的诗词、警句、短语、词、字等组成。谜面可以说出来让人猜，也可以写出来。一般来讲，民间谜语（事物谜，包括简单的字谜）多是说出来的，灯谜差不多都得写出来。还有一些灯谜的谜面不是文字，而是由图形、实物、符号、数字、字母、印章、音像、动作等组成。不论谜面采用哪种形式，都应该简洁明快，隐喻得当，富于巧思。

  谜目是给谜底限定的范围，是联系谜面和谜底的"桥梁"。它的作用有点像路标，给人指明猜射的方向。如"猜字一"，就是限定谜底只能是一个字，不能是别的东西，也不能多余一个字。即使猜别的东西也能扣合谜面，仍算

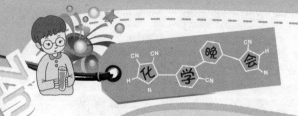

没有猜中。谜目附在谜面的后边，比如"打一字"，"打"是"猜"的意思，"打一字"就是"猜一字"。一般谜目规定的谜底是一个，也有的是两个或者几个。标谜目时，应特别注意其范围。标的范围过大，猜射起来就难；标的范围太小，猜射起来就容易。

谜底是指谜面含蓄转折所指的、要人猜射的事物本身，是灯谜隐藏的内在部分，也可以说是谜面所提问题的答案。谜底既要符合谜面的内在含义，又必须符合谜目所限定的范围，使人一见谜底就有"恍然大悟"之感。一则好的灯谜，应该而且只能有一个谜底，不应该有两个或者更多的谜底。

谜语的猜法多种多样，比较常见的有二十多种。属于会意体的有会意法、反射法、借扣法、侧扣法、分扣法、溯源法；属于增损体的有加法、减法、加减法；属于离合体的有离底法、离面法；属于象形体的有象形法、象画法；属于谐音体的有直谐法、间谐法；属于综合体的有比较法、拟人法、拟物法、问答法、运典法。

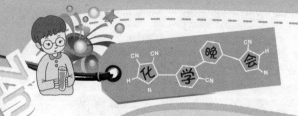

猜化学元素的名称（一）

（以下各猜一种化学元素的名称）

1. 最轻量级 。

2. 膻味。

3. 大洋干涸气上升。

4. 高温。

5. 酷暑。

6. 排热气。

7. 六月六（求凰格）。

8. 火气太多。

9. 一气之下孩子跑掉。

10. 克服困难有气概。

11. 气盖峰峦。

12. 严冬。

13. 严寒季节 。

14. 天府之国雾气笼。

15. 一气之下吞掉山水。

16. 坑渠水。

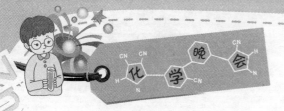

17. 左边泼水右边臭。

18. 阴沟里的水。

19. 昔日的龙须沟。

20. 脸似关公心如蝎，能制染料又入药。

21. 即使有水平，自大一点也不好。

22. 填土砌石垒屋基。

23. 岩旁土迭土。

24. 东放石头，西堆土。

25. 山下有石灰。

26. 山中自有氧化钙。

27. 头重脚轻。

28. 石阻水断流。

29. 一石击断流水。

30. 流水干，石头现。

31. 流水干涸石头现。

32. 流水退尽现暗礁。

33. 《红楼梦》考。

34. 抵押石头。

35. 石旁停留六十天。

36. 一石击准皇上。

37. 煤。

38. 黑色金属。

39. 貌似黑色金属，却常通体发光。

40. 头等奖。

41. 金榜第一。

42. 金属之冠。

43. 金属之冠软如泥。

44. 虽无盖世本领，却居金属头等。

45. 有钱的讨饭者。

46. 藏着金碗的乞讨者。

47. 化为寻常之物，调味亿万人家，

玉体宝贵如金，色比白银不差，

沾酸能燃黄焰，遇水不能下沉，

强电高温即显影，煤油可藏真身。

48. 镶金贝雕，入水难捞。

49. 世界通用货币。

50. 华盛顿的货币。

51. 摄影闪光它燃烧，硫酸盐能作泻药；

海水含量少于钠，叶绿素中它撑腰。

52. 江水朝下流。

53. 江水向下流。

54. 江水往下流。

55. 水上作业。

56. 工字桥下水，只向低处流。

57. 此物能流动，非水比水重；外观银白色，失水便成工。

58. 液面上凸，落地成珠。使用不慎，慢性中毒。

59. 价值全靠着两点。

60. 像是与金相同，其实差别很大。

61. 木火水土

62. 金库被盗。

63. 阴阳五行只余水、木、火、土。

64. 金先生的夫人。

65. 财迷。

66. 想钱。

67. 金钱梦。

68. 金先生的居室。

69. 中国的一作家。

70. 虽是巴金，却非作家。

71. 像是合金，实是单质。

72. 珍贵的眼睛。

73. 孙悟空的眼睛。

74. 贵重的礼服。

75. 高贵的衣服。

76. 电镀。

77. 镀金。

78. 丢钱。

79. 巨款遗失，不作铁猜。

80. 黄金交易所。

81. 兄弟的财产。

82. 丰收的田野。

83. 秋天的太阳。

84. 金色的黎明。

85. 滴水流尽见真金。

86. 万点金。

87. 工资。

88. 破财。

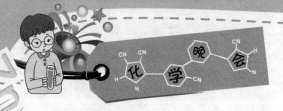

89. 金耳环。

90. 富汉。

91. 金剑穿心。

92. 一般货币。

93. 好像是一般金属，其实很不常见。

94. 金先生的姑娘。

95. 取款。

96. 汇单到了。

97. 衫木卖出换成钱。

98. 山东金属。

99. 天天用钱买鱼吃。

100. 真金不怕火炼（不猜钚）。

101. 居里夫人伯乐心，铀矿渣中把我寻；

自从来到人间后，癌症患者有福音。

102. 居里夫人是伯乐，九十年前寻找我；

夜以继日五十月，兰光献出新成果。

猜化学元素的名称（二）

（以下各猜两种化学元素的名称）

1. 头等奖，二等奖。

2. 寒服。

3. 睡觉。

4. 衬衫。

5. 西施。

6. 望乡。

7. 盲人。

8. 加班费。

9. 古币 。

10. 乾隆通宝。

11. 远年货币。

12. 边锋射门。

13. 进屋之前。

14. 双亲年迈。

15. 私人财产。
16. 乔迁之喜。
17. 金库被盗。
18. 请客未至（徐妃格）。
19. 气吞山河。
20. 气吞山羊。

21. 交友不多。
22. 闪电之后。
23. 泥塑的货币。
24. 想念人世间。
25. 仙女向往人间。

猜化学元素的名称（三）

（以下各猜三种或三种以上化学元素的名称）

1. 每逢佳节倍思亲（三种元素）。

2. 高尚品德（三种元素）。

3. 本人赞成（三种元素）。

4. 江水往下流，流水暗礁留，沿江筑金塔，气盖黑山头（四种元素）。

5. 从天到地，气水变石，黄绿红紫，性格相似（四种化学元素）。

6. 五彩缤纷（五种元素）。

7. 富贵不能淫（八种元素）。

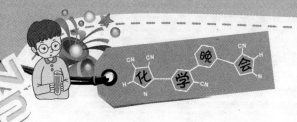

猜化学术语

（以下各猜一条或多条化学术语）

1. 水上分别。

2. 好逸恶劳。

3. 黑白分明。

4. 中秋月皎明。

5. 飞腾吧！中国。

6. 祖国蒸蒸日上。

7. 蒸蒸日上的新中国。

8. 扑朔迷离。

9. 一三局定胜负。

10. 一三局见高低。

11. 上下不睦。

12. 内部团结。

13. 拾金不昧。

14. 完璧归赵。

15. 物归原主。

16. 故态复萌。

17. 撕下假面具。

18. 恢复本来面目。

19. 恢复庐山真面目。

20. 药方照旧。

21. 助人为乐，促成姻缘；身居闹市，一尘不染。

22. 顶替。

23. 推陈出新。

24. 取而代之。

25. 吹胡子瞪眼。

26. 怒发冲冠。

27. 怒形于色。

28. 复习。

29. 学而时习之。

30. 四季如春。

31. 无以复加。

32. 丰衣足食。

33. 乳汁。

34. 满坐衣冠似雪。

35. 下完围棋。

36. 老俩口争儿郎。

37. 娘出门。

38．父母出门。

39．辞别儿女。

40．十月怀胎。

41．问小孩。

42．曹操责问曹丕。

43．贾政训宝玉。

44．贾政质问宝玉。

45．翘尾猴与鼠为邻。

46．囝。

47．兄弟仨，我排二。

48．不阴不阳，身居中央，奔出体外，穿透洞墙。

49．白厂长家生一小儿。

50．上岸。

51．手工作坊。

52．手工操作。

53．灭鼠。

54．斤斤计较。

55．呱呱坠地。

56．塑料开关。

57．行情起落。

58．行情未定。

59．引火烧身。

60．火上加油。

61．昃影。

62．看喜剧。

63．洪峰已退。

64．羊（两个化学术语）。

65．六十秒。

66．逐项说明。

67．乔太守乱点鸳鸯谱。

68．合二为一。

69．买卖公平，老少不欺。

70．轻而易举解方程。

71．冰河消尽始行舟（粉底格）。

72．助手出力。

73．原形毕露。

74．回答。

75．空谷回音。

76．三天。

77．三个日本人。

78．三日之后本人到。

79．大雨淋个透。

80．阴阳人。

81．雌雄同体。

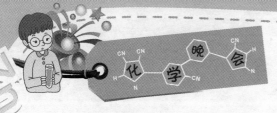

82. 死去活来。

83. 装模作样。

84. 野火烧不尽。

85. 蜡炬成灰泪始干。

86. 屡战屡败。

87. 明察秋毫。

88. 小处着眼。

89. 势均力敌。

90. 耳穴按摩。

91. 为你搓背。

92. 水乳交融。

93. 外线断路。

94. 计算机解题。

95. 屡战屡败。

96. 私人飞机（燕尾格）。

97. 空气流动（秋千格）。

98. 能屈能伸。

99. 领导有方。

100. 天。

101. 个别审问。

102. 不积极。

103. 大杂烩。

104. 望梅止渴。

105. 入刀 。

106. 各奔前程。

107. 说电不用电；说金不是金；说根不长根（三个化学术语）。

猜物质的名称

（以下各猜一种或多种物质的名称）

1. 本是一种气，常作还原剂，总想向上升，不愿脚踏地。

2. 一种气体真孤僻，不喜联合爱独立，
   通电它能发红光，用它可做试电笔。

3. 朝暮近在鼻息，寻找却费精神。

无色无味无臭，态隋体捷身轻。

傲视冷热火电，不理酸碱氯磷。

最先从太阳出，摄得黄色倩影。

4. 自大一点，多点洋气。

5. 敢怒不敢言。

6. 孙大圣发怒。

7. 组成半个圆，杀人不见血，追捕无踪影，点火冒蓝烟。

8. 闻闻臭煞人，遇酸结成根。

9. 唐僧师徒往西行，一股妖气扑面迎，

路旁鲜花全变白，胸闷气紧泪淋淋，

悟空慌忙腾空望，远处山顶呈烟云，

请君帮忙想一想，到底是个啥妖精。

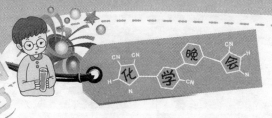

10. 小黑人，个性强，发起火来热难当。

11. 品德好，身体好，学习好。

12. 现款存妥。

13. 100%的氢氧化钠。

14. 像钴不是钴，不甜也不苦，
    不怕酸和碱，点燃蓝火焰。（物质的分子式）

15. 左边半个圆，右边圆一个，
    半圆能取暖，整圆能助燃，
    来去无踪影，有毒还能燃。（物质的分子式）

16. 两个半圆。（物质的分子式）

17. 破镜重圆。（物质的分子式）

18. 左侧半个圆，右侧两个圆，
    半圆能取暖，整圆能助燃。（物质的分子式）

19. 一个秤钩两个蛋，灭火本领显，
    放在燃物上，作用像棉毯。（物质的分子式）

20. 三个零。（物质的分子式）

21. 后空翻两周。（物质的分子式）

22. 比水多个零，消毒格外灵。（物质的分子式）

23. 春眠不觉晓。

24. 似蜡非蜡亮又黄，不声不响水中藏，
    有朝一日出水面，化作迷雾白茫茫。

25. 嫩皮软质白蜡袍，一生常在水中泡，
    有朝一日上岸来，不用火点烟自冒。

26. 交际不广。（徐妃格）

27. 空中妈妈。

28. 空谈妈妈。

29. 国君的饮料。

30. 皇帝的饮料。

31. 两种强水相混便为液体之尊。

32. 淼。

33. 春雨贵于油。

34. 干锤百击出深山，烈火焚烧只等闲；
    粉身碎骨何所惧，要留清白在人间。

35. 无水是生，有水就热。

36. 顽石炼就，贝壳烧成，无水是生，见水就熟。

37. 白白的，硬硬的，烧过还是生的，浇上水就是熟的。

38. 无水是生，有水变白，建筑粉饰，非他莫属。

39. 无水是粉，有水变硬，浑身洁白，塑像造型。

40. 本从山上来，加水好煮蛋，水中住几天，上墙把家安。

41. 颠来倒去都姓石。

42. 俄国之战。

43. 雪骨冰肌俏姑娘，衣着入时好打扮；
    在家之时一身素，下水又换蓝泳装。

44. 望梅止渴。

45. 一物体重九十八，性格奇特脾气大，
    你若不慎沾上它，包你落个大伤疤。

46. 老者生来脾气燥，每逢喝水必高烧
    高寿虽已九十八，性情依然不可交。

47. 似雪没有雪花，叫冰没有冰渣，无冰可以制冷，细菌休想安家。

48. 调味佳品，来自海中，清水一冲，无影无踪。

49. 来自海洋地下，炼得洁白无暇，长期为人服务，调味离不开它。

50. 大哥平易近人，表面明朗似镜；

　　二哥喜欢高温，常在空间飞腾；

　　三弟生在冬天，性情比较生硬；

　　虽然性格不同，但是属一家人。（一物三态）

51. 一个软来一个硬，两个结成一家人，

　　不怕酸来不怕碱，烈火烧来只等闲。

52. 双手抓不起，一刀劈不开 煮饭和洗衣，都要请它来。

53. 热时软，冷时硬，切不开，洗不静。

54. 枪打没洞，刀砍没缝，八十老人咬得动。

55. 上去一团烟，下来一条线，好吃没滋味，脏了不能洗。

56. 右边是水，左边却少了一点水

57. 左边缺点水，右边全是水。

58. 它是二十一日酉时生。

59. 乱卖。

60. 盲目出售。

61. 破皮切掉，央求草盖。

62. 炉火已熄。

63. 筑地基。

64. 一黑一白是爸妈，电炉生我石疙瘩，

出凼皮肤灰黑色，遇水浓浓黑烟发。

65. 黑面老子白脸娘，高温电炉是产房；

身骨硬棒似爹样，灰不溜秋不象娘；

遇水化气能燃烧，留下水浆又成娘。

66. 石水作用，制成气体，跟氧合作，削铁如泥。

67. 炭与石灰炉中烧，遇水反应把气冒

氧中燃烧能熔铁，聚合成材好原料。

68. 一等甘醇不能喝。

69. 头等好酒不能饮。

70. 草本。

71. 有人说我笨，实在小看人，脱去竹笠换草帽，化工战线逞英豪。

72. 暗中决策。

73. 巨浪。

74. 可喜的下场。

75. 泥干，枯萎，灯熄。

76. 假发。

77. 银白软又韧，胜似麻和棉，既能织成网，又能把带编。

78. 像棉不是棉，名字蛮新鲜，石油提炼出，抽丝在车间。

79. 原料虽贱作用大，千丝万缕织成它，

光泽夺目性能好，制成服装赛棉纱。

80. 软似薄纸硬如钢，工农商学都用上，

耐酸耐寒耐腐烂，颜色鲜艳逗人赏。

81. 花间一壶酒。

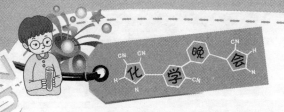

82. 相加是十八，害虫见我都害怕。

83. 三个娃娃一样大，年龄相加整十八。

84. 外貌似金迷惑人，烈火煅烧显原形，
所得红粉作颜料，逸出气体制强酸。

85. 色与翡翠比美，名居百鸟之上；
不能展翅飞翔，奈因石头模样；
生来本性怕热，遇火化气飞扬；
煅烧泪水汪汪，现出焦黑惨状。

86. 质量相同，结构各异，一个迷人，一个喝醉。（二种物质）

87. 一对孪生弟兄，长相性格不同，
一个丑陋乌黑，一个晶莹透明，
丑的身价很低，美的价值连城，
若遇烈火焚烧，黄泉路上同行。（二种单质）

88. 白粉象糖又象盐，不苦不咸也不甜，
高温加热隐身去，一缕白烟上九天；
假如你还猜不着，请问老农去田间。（二种物质）

89. 说碱不是碱；说银不是银；说冰不是冰。（三种物质）

90. 同属一家人、大哥硬度最大，
老二层层软滑，三弟面貌多变。（三种物质）

猜实验用品的名称

（以下各猜一种或多种实验用品的名称）

1. 一路洒落十升粮。

2. 吹不响的喇叭。

3. 斟字写成甚。

4. 晶亮透明小喇叭，只喝水来不说话，
   口里含上一张纸，能使固液分两家。

5. 先服一帖药，看看有无效。

6. 破涕为笑（谐音格）。

7. 考卷。

8. 有条变色鬼，原和人比美；变化十几种，比前先下水。

9. 有条变色龙，要和人比能，
   比前先下水，色变十几种，
   倘若没有水，干旱是死虫。

10. 生来刚直不曲，不怕碰破头皮，
    为了光明温暖，宁愿牺牲自己。

11. 失之千里（徐妃格）。

12. 棋中尚存将、士、象、车、炮、兵 。）

13. 兄弟两个，二边站起，不上不下，公平合理。

14. 一对兄弟，两边站起，不高不低，公平合理。

15. 肩挑担子坐台中，大家请他来做东，

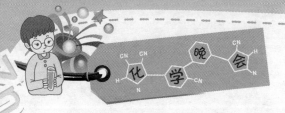

　　偏心事情不会做，待人接物处于公。

16．笔直小红河，风吹不起波，冷热起变化，液面自涨落。

17．身上一把尺，肚里一条线，天热与天冷，线儿长短变。

18．玻璃身体直心肠，一条红线居中央，
　　从来赴汤不蹈火，专门为你试冷热。

19．头重尾巴轻，外实里头空，浓稀若问我，一个倒栽葱。

20．芙蓉塘外有轻雷。

21．三个姑娘打一把伞 。

22．结拜兄长（谐音格）。

23．铁臂小铜勺，常在火中烧。

24．铁把小铜勺，耐得温度高，从来不舀水，常把物质烧。

25．盛酒不是瓶，叫灯不照明，为人最热情，实验经常用。

26．常年戴个玻璃帽，常喝浓酒醉不倒，
　　沾了火星发脾气，头上呼呼火直冒。

27．一个厚厚小磁盆，专把块粒磨成粉。

28．说烧不能（直接）烧。

29．一个锥型杯，杯上画上线，专门量药液，不能沾口边。

30．实习班主任。

31．叫管不通气，叫瓶又太细，装药虽不多，实验不能离。

32．人称两兄弟，工作头倒立，
　　有事请教它，相对把泪滴，
　　泪止答案出，性格好出奇。

33．玻璃身、胶皮头，细身材，尖溜溜，
　　批发来、零售走，进与出，一个口。

34. 玻璃身子橡皮头，苗条身子尖尖尼，
    大量收进再零卖，进出都从一个口。

35. 弯弯肚肠，外有肚皮，肠内肠外，互不通气，
    肠外走冷水，肠内过热气。

36. 一座塔琳珑，上下分三层，口里一喝水，肚内把气生。

37. 形似葫芦底却平，导管活塞里外通
    开口肚子就生气，闭口气泡无影踪。

38. 透明葫芦底儿平，固液气体葫心贮，
    不能加热不能摔，制取气体它内行。

39. 透明老大直肠子，木头老二卡脖子，
    直口老三圆肚子，尖脚老四红帽子。（四种化学仪器）

40. 大哥专吸水，二哥分油水
    三弟送温暖，四弟专受气。（四种化学仪器）

猜化学反应过程

（以下各猜一种化学反应过程）

1. 波涛涌上铁架山，水过山波一片红。

2. 鄙人全身色紫红，传热导电有奇功；
   投入仙水棕烟起，绿水翻滚吾消溶。

3. 黑块块，烧就红，投进宝瓶仙气中；

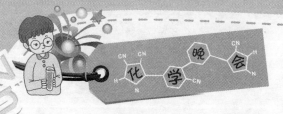

金光耀眼银光闪，无踪无影瓶中空；
一杯钙水入宝瓶，化作牛奶无人用。

猜实验操作

（以下各猜一项实验操作）

1. 睡到三更就起床（徐妃格）。
2. 杞人忧天。
3. 固体液体分道扬镳。

猜化学家的名字

（以下各猜一名化学家的名字）

1. 不在外面住。
2. 东方欲晓。
3. 利息。

猜化学元素的名称（一）

1.（氢）。2.（氧）。3.（氧）。4.（氮）。5.（氮）。6.（氮）。

7.（氮）。8.（氮）。9.（氦）。10.（氪）。11.（氙）。12.（氩）。

13.（氡）。14.（氟）。15.（氯）。16.（溴）。17.（溴）。18.（溴）。

19.（溴）。20.（溴）。21.（溴）。22.（硅）。23.（硅）。24.（硅）。

25.（碳）。26.（碳）。27.（炭）。28.（硫）。29.（硫）。30.（硫）。

31.（硫）。32.（硫）。33.（碘）。34.（碘）。35.（硼）。36.（碲）。

37.（钨）。38.（钨）。39.（钨）。40.（钾）。41.（钾）。42.（钾）。

43.（钾）。44.（钾）。45.（钙）。46.（钙）。47.（钠）。48.（钡）。

49.（镁）。50.（镁）。51.（镁）。52.（汞）。53.（汞）。54.（汞）。

55.（汞）。56.（汞）。57.（汞）。58.（汞）。59.（金）。60.（铜）。

61.（铁）。62.（铁）。63.（铁）。64.（钛）。65.（锶）。66.（锶）。

67.（锶）。68.（镓）。69.（钯）。70.（钯）。71.（铪）。72.（钼）。

73.（钼）。74.（铱）。75.（铱）。76.（铍）。77.（铍）。78.（锰）。

79.（铥）。80.（锡）。81.（锑）。82.（铯）。83.（铯）。84.（铯）。

85.（镝）。86.（钫）。87.（锗）。88.（镥）。89.（铒）。90.（铕）。

91.（铋）。92.（错）。93.（错）。94.（钕）。95.（镎）。96.（铼）。

97.（钐）。98.（镥）。99.（镥）。100.（钬）。101.（镭）。

102.（镭）。

猜化学元素的名称（二）

1.（钾、钇）。2.(铍、铱）。3.（铋、钼）。4.（钠、铱）。

5.（镁、钕）。6.（锶、镓）。7.（铁、钼）。8.（锌、锗）。

9.（钴、铑）。10.（钴、铑）。11.(钴、铑）。12.（钢、钌）。

13.（钢、钌）。14.（铑、钌）。15.（镓、锂）。16.（锡、镓）。

17.（铁、铥）。18.（钚、铼）。19.（氙、氚）。20.（氙、氧）。

21.（硼、砂）。22.（铕、镭）。23.（钍、铌）。24.（锶、钒）。

25.（锶、钒）。

化学元素的名称（三）

1.（锶、镓、锂）。2.（锌、磷、镁）。3.（锇、铜、镱）。

4.（汞、硫、铅、氙）。5.(氟、氯、溴、碘）。

6.（铬、铕、钚、铜、铯）。7.（镓、铕、金、银、钚、锶、镁、铯）。

猜化学术语

1.（游离）。2.（惰性）。3.（元素）。4.（元素）。5.（升华）。

6.（升华）。7.（升华）。8.（不透明性）。9.（中和）。10.（中和）。

11.（中和）。12.（中和）。13.（还原）。14.（还原）。15.（还原）。

16.（还原）。17.（还原）。18.（还原）。19.（还原）。

20.（还原剂）。21.（催化剂）。22.（置换）。23.（置换）。

24.（置换）。25.（气态）。26.（气态）。27.（气态）。28.（常温）。

29.（常温）。30.（常温）。31.（饱和）。32.（饱和）。33.（母液）。

34.（同位素）。35.（分子）。36.（分子）。37.（离子）。38.（离子）。

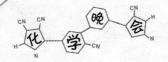

39.（离子）。40.（离子）。41.（质子）。42.（质子）。43.（质子）。

44.（质子）。45.（电子）。46.（中子）。47.（中子）。48.（中子）。

49.（原子）。50.（脱水）。51.（无机）。52.（无机）。53.（消耗）。

54.（比重）。55.（新生态）。56.（化学键）。57.（变价）。

58.（变价）。59.（自燃）。60.（助燃）。61.（现象）。62.（发酵）。

63.（潮解）。64.（氧气，分解）。65.（分解）。66.（分解）。

67.（复分解）。68.（化合）。69.（化合价）。70.（溶解）。

71.（溶解度）。72.（副作用）。73.（现象）。74.（反应）。

75.（反应）。76.（结晶）。77.（晶体）。78.（晶体）。79.（胶体）。

80.（两性）。81.（两性）。82.（再生）。83.（造型）。84.（焦化）。

85.（滴定终点）。86.（负极）。87.（微观）。88.（微观）。

89.（平衡）。90.（摩尔）。91.（摩尔）。92.（浑浊）。93.（电离）。

94.（电解）。95.（负极）。96.（载体）。97.（风化）。

98.（可塑性）。99.（官能团）。100.（人工合成）。101.（单质）。

102.（硝基）。103.（混合物）。104.（酸性反应）。

105.（分解反应）。106.（分解反应）。107.（电离；合金；酸根）

猜物质的名称

1.（氢气）。2.（氖）。3.（氨）。4.（臭氧）。5.（空气）。6.（空气）。

7.（一氧化碳）。8.（氨气）。9.（二氧化硫）。10.（煤）。

11.（的确良）。12.（铵）。13.（纯碱）。14.（CO）。15.（CO）

16.（CO_2）。17.（CO_2）。18.（CO_2）。19.（CO_2）。20.（O_2）。

21.（H_2O）。22.（H_2O_2）。23.（安息香）。24.（白磷）。

25.（白磷）。26.（硼砂）。27.（云母）。28.（云母）。29.（王水）。

30.（工水）。31.（工水）。32.（重水）。33.（重水）。34.（石灰）。

35.（石灰）。36.（石灰）。37.（石灰）。38.（石灰）。

39.（石膏粉）。40.（氧化钙）。41.（石灰石）。42.（苏打）。

43.（硫酸铜）。44.（硫酸）。45.（浓硫酸）。46.（浓硫酸）

47.（干冰）。48.(食盐）。49.(食盐）。50.（水，汽，冰）。

51.（石棉）。52.(水）。53.(水）。54.(水）。55.（水）。

56.（冰）。57.（冰）。58.（醋）。59.（盲硝）。60.（芒硝）。

61.（石英）。62.（烷）。63.（电石）。64.（电石）。65.（电石）。

66.（乙炔又叫电石气）。67.（乙炔又叫电石气）。68.（甲醇）。

69.（甲醇）。70.（苯）。71.（苯）。72.(嘧啶）。73.（海波）。

74.（乐果）。75.（尼古丁）。76.（人造丝）。77.（尼龙线）

78.（化学纤维）。79.（化纤布）。80.（塑料）。81.（芳香醇）。

82.（六六六粉）。83.（六六六粉）。84.（黄铁矿）

85.（碱式碳酸铜）。86.（乙醚、乙醇）。87.（金冈石、石墨）

88.（碳铵、氯化铵）。89.（纯碱；水银；干冰）。

90.（金刚石、石墨、无定形碳）。

猜实验用品的名称

1.（漏斗）。2.（漏斗）。3.（漏斗）。4.（过滤器）。5.（试剂）。

6.（滤纸）。7.（试纸）8.（PH广泛试纸）。9.（PH广范试纸）。

10.（火柴）。11.（砝码）。12.（砝码）。13.（天平）。14.（天平）。

15.（天平）。16.（温度计）。17.（温度计）。18.（温度计）。

19.（比重计）。20.（蓄电池）。21.（三脚架）。22.（坩埚）

23.（燃烧匙）。24.（燃烧匙）。25.（酒精灯）26.（酒精灯）。

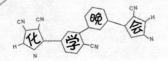

27.（研钵）。28.（烧杯）。29.（量杯）。30.（试管）。31.（试管）。

32.（滴定管）。33.（胶头滴管）。34.（胶头滴管）。35.（冷凝管）。

36.（启普发生器）。37.（启普发生器）。38.（启普发生器）。

39.（试管、试管夹、圆底烧瓶、吸液管）。

40.（吸液管、分液漏斗、酒精灯、集气瓶）。

猜化学反应过程

1.（硝酸铜与铁反应）。

2.（铜与浓硝酸反应）。

3.（红热的木炭与氧气的燃烧，然后在集气瓶中加入澄清的石灰水）。

猜实验操作

1.（搅拌）。2.（过滤）。3.（过滤）。

猜化学家名字

1.（居里）。2.（徐光启）。3.（本生）。

编者特别申明

　　本书的编写主要以搜集整理相关资料为主，编者从20世纪80年代初就一边教学一边开始积累资料，书中用到了好多同仁的原始创作，由于当时摘录整理不得法，没能记下有些原创的出处，时间跨度较长，无法逐一追寻，因而没能在文中一一列名致谢，深感内疚，只能在此真心表示谢意！另外有些资料是宁夏师范学院化学与化学工程学院2008级化学教育本科班学生从网络或书刊杂志上摘引整理的，编者在资料的后面注出了原文的出处，没有作者姓名的只好用"佚名"标出，这些资料由于原作者的姓名、通信地址与联系方式不详，无法与原作者联系勾通，也无法征得原作者的意见，思考再三，还是冒然编入其中，如果有对原作者不尊之处，在此，编者恳请您能谅解和允许，因为我们的目的都是一致的——为传播科学知识而尽微薄之力！能得到您们的谅解和允许，编者和读者都万分感谢！

编后记

编完这本小册子内心感到十分欣慰，总算完成了自己从教长河中的一桩心愿，给我的学生有了一个小小的交代。

我从事过小学教育教学工作，也从事过中学教育教学工作，现在从事大学教育教学工作，在中学主讲《化学》课，在大学主讲《化学教学论》，一辈子以学生作为自己服务的对象。我所任的化学课程有其自身的特点，在教学实践中，我发现除了传统和现代的教学方式方法外，学生在活动中学习的知识更易于巩固和掌握。化学实践活动内容丰富，形式多样，化学晚会就是其中的一种。

化学晚会学生喜闻乐见，对此非常感兴趣，但是由于相关题材较少，开展活动时常常因缺乏资料而使学生失望，因此笔者在中学教学时就有一个愿望——搜集和整理相关资料，编写一本适合中学化学教师和学生举办化学晚会的小册子，当时受信息条件的限制和忙于教学，未能实现。在大学教学期间，时间相对宽松，各种信息源如网络、图书资料也相对丰富，加之大学校园也经常举办此类活动，这又勾起了我原来的想法，使我有了重新编写整理这本小册子的信心，于是

编后记

我再次着手搜集整理这方面的材料，现在终于能成型定稿。

本书在编写整理过程中得到了许多同仁的建议，特别是金盾出版社少儿图书编辑室许金英主任从内容、结构等各方面给予了指导，还有四川成都长鹰鞋业发展有限公司张秀玲设计师在百忙中抽时间绘制插图，宁夏师范学院化学与化学工程学院2008级化学教育班补固原市原州六中实习小组的全体实习生精心校对，在此笔者一并诚心感谢！

由于笔者水平和能力有限，在编写整理过程中难免出现这样哪样的问题，恳请关注此书、阅读此书和使用此书的朋友提出宝贵意见和建议，笔者定当修正！

但愿此书能给读者了解相关化学知识有所帮助！

编者